KB261825

하루
커피
3잔

하루
커피
3잔

안나카 치에 지음 | 이지현 옮김

하루 커피 3잔

초판 1쇄 발행 2014년 12월 15일

지은이 안나카 치에
옮긴이 이지현

펴낸이 김우연, 계명훈
마케팅 함송이
경영지원 이보혜
디자인 이수경
인쇄 미래프린팅

펴낸 곳 for book | 서울시 마포구 공덕동 105-219 정화빌딩 3층
출판 등록 2005년 8월 5일 제 2-4209호
판매 문의 02-753-2700(에디터)

값 9,000원
ISBN 987-89-93418-95-8 13590

알고 마시면 약이 되는 커피

최근 '커피가 몸에 좋다'는 정보를 자주 접하게 되는데, 주변을 둘러보면 반신반의하는 사람들이 적지 않다. 이는 '몸에 좋으니 야채를 많이 먹자'는 말처럼 '건강에 좋으니 커피를 마시자'는 말이 썩 와 닿지 않는 모양이다.

커피는 수많은 사람들을 대상으로 한 연구에서 암 예방은 물론, 다양한 질환을 예방하는 효과가 있는 것으로 보고된 몇 안 되는 식품 중의 하나다.

나는 커피와 건강에 관한 연구 결과를 접할 때마다 '이런 유익한 정보를 좀 더 많은 사람들과 공유할 수 있으면 얼마나 좋을까?'라는 생각을 한다. 건강을 관리하는 데는 정보의 유무有無가 매우 중요하기 때문이다.

사실 '커피와 간암에 관한 역학 연구(커피를 마시면 마실수록 간암 발병 위험률이 낮아진다고 함)' 결과를 처음 접했을 때, 솔직히 말도 안 되는 거짓말이라고 생각했다.

나는 대학원에서 암과 식습관의 관계에 대해서 연구한 적이 있기 때문에, 특정 식품과 암의 관계를 밝히는 것이 얼마나 어려운 일인지 잘 안다. 수많은 사람들의 식생활을 장기간에 걸쳐 조사하고, 조사 대상자들이 어떤 질환을 앓았는지에 관해서 신체 조건과 생활환경, 흡연 유무 등을 배제하고 분석하면 대부분의 식품에서 암과의 직접적인 관계를 찾아내기가 어렵다.

'야채를 많이 먹는 것이 좋다', '염분은 적게 섭취하는 것이 좋다' 등 식습관에 관한 대강의 기준은 나와 있지만, 어떤 식품이 암 예방에 효과가 있는지에 대한 결과는 그 영향이 웬만큼 뚜렷하지 않는 한 나오지 않는다.

우리 주변을 둘러보면 특정 식품이 암 예방에 효과가 있다는 정보가 넘쳐나는데, 이러한 정보는 대부분 동물 실험에 근거한 것이다. 그래서 실제로 인간이 오랫동안 매일 섭취했을 때 어떤 효과가 나타날 것인지에 대해서 검증된 식품은 매우 적다.

이 책에서는 현재까지 알려진 범위 내에서 커피가 가진 긍정적인 효과를 중립적인 입장에서 전달할 것이다. 나는 커피 관련 기업과 그 어떤 친분도 없다. 협찬이나 돈을 받은 사실도 없기 때문에, 커피에 대한 부정적인 정보를 말할 수 없는 입장도 아니다. 다만 되도록이면 커피에 관한 정보를 간결하게 전달하기 위해 과감하게 생략한 정보가 있다. 그리고 특정 연구 결과에 관해서는 부정적인 견해나 조사 결과도 함께 병기했다.

이 책을 통해서 소개하는 커피와 다이어트, 커피와 건강에 관한 유익한 정보가 독자 여러분에게 도움이 되었으면 하는 바람이다.

지은이 씀

3장 암을 예방하는 커피

4장 효과 만점, 커피 다이어트

5장 커피 다이어트를 시작하고 싶다면?

1장

커피와
다이어트에 관한
8가지 진실

지방을 태워 없애는 커피의 힘

'커피에 지방을 연소시키는 효과가 있다'는 정보를 접하거나 들은 적이 있을 것이다. 최근 들어 '특정 보건용 식품'*인 커피 음료가 판매되면서 그 효과를 홍보하고 있기 때문인데, 커피의 지방 연소 효과는 커피에 포함된 카페인과 클로로겐산chlorogenic acid과 관련이 있다.

일반적으로 카페인은 부정적인 이미지가 강하다. 그런데 카페인은 다양한 약효를 가지고 있을 뿐만 아니라, 지방 연소와도 관련이 있다.

우리 몸의 체지방을 태우려면 우선 지방산과 글리세린으로 분

* 일본에서는 1991년부터 '특정 보건용 식품(Food for Special Health Use, FoSHU) 제도'를 식품위생법의 일부로 정하여 시행하고 있다. 이 법에서 기능성 식품은 생체 방어, 생체 리듬 조절 등에 관계된 기능이 충분히 발현되도록 설계되어 일상적으로 섭취되는 식품으로 정의되며, 그 허용 범위는 식품으로서 이용되는 일반적인 소재나 성분으로 구성되며, 동시에 보통의 형태 및 방법에 의하여 섭취되는 것으로 정해져 있다(출처 : 식품과학기술대사전).

해되어야 한다. 이 분해를 담당하는 것이 췌장에서 만들어지는 '리파아제lipase'라는 지방 분해 효소인데, 카페인에는 이 리파아제를 활성화시키는 성분이 들어 있다. 또한 지방을 연소시켜서 열로 전환하는 갈색 지방 세포를 활성화시키는 성분도 있다.

이 뿐만이 아니다. 커피에는 카페인 외에도 '니코틴산nicotinic acid'*이라는 중성 지방의 분해를 촉진시키는 비타민이 포함되어 있다.

그리고 커피 음료의 지방 연소 효과로 인해 클로로겐산이 큰 주목을 받고 있다. 체내에서 분해된 지방산은 지방산이나 당을 태워서 에너지를 만드는 '우리 몸의 발전소'라 불리는 미토콘드리아로 옮겨져 연소되는데, 클로로겐산은 그러한 작용을 촉진한다. 즉 커피는 우리 몸의 지방 분해를 촉진하고, 분해된 지방을 태워 없애기 쉽도록 돕는 두 가지 작용을 하는 것이다.

특정 보건용 식품인 커피 음료를 판매하는 일본 카오花王 주식회사의 연구에 따르면, 내장 비만형 남녀 109명에게 하루 1잔의 클로로겐산 음료를 12주 동안 섭취하게 한 결과, 체중이 평균 1.5kg, 복부 지방이 9.3cm² 감소한 것으로 나타났다고 한다. 이 연구는 객관적인 조사를 위해서 '이중맹 검사법double blind test'이

---

* 비타민 B3 또는 나이아신niacin이라고 하며, 담배에 포함된 니코틴과 전혀 다른 물질

라는 플라세보 효과를 배제한 방법을 활용했다.

이 연구에서는 검사 대상자를 두 그룹으로 나누어 클로로겐산 300mg이 함유된 커피 음료와 클로로겐산이 함유되지 않은 커피 음료를 마시도록 하여 그 결과를 분석했다. 따라서 커피 성분 중에 카페인이 아니라 클로로겐산에 지방 연소 효과가 있다는 결론을 얻게 된 것이다.

노르웨이에서도 이와 비슷한 연구가 실시됐다.

비만인 사람 30명을 두 그룹으로 나누어 클로로겐산을 강화한 인스턴트커피와 보통의 인스턴트커피를 마시도록 하고 12주 동안 체중과 체지방률의 변화를 비교했다. 클로로겐산을 강화한 인스턴트커피를 마신 그룹의 1일 클로로겐산 섭취량은 약 1,000mg, 보통의 인스턴트커피를 마신 그룹의 클로로겐산 섭취량은 약 500mg이었다.

결과는 클로로겐산을 강화한 인스턴트커피를 마신 그룹에서 체중은 5.4kg, 체지방률은 3.6% 감소했다. 그러나 보통의 인스턴트커피를 마신 그룹에서는 유감스럽게도 통계적으로 유의미한 감소는 나타나지 않았다. 다만, 결과를 살펴보면 통계적으로 유의미한 수치가 나올 만한 감소 경향을 보였기 때문에, 장기간 연구를 지속한다면 유의미한 감소 결과가 나왔을지도 모른다.

최근 들어 '특정 식품의 성분 중에 체중 감소 효과가 있다!'는 보도를 자주 접하게 된다. 그런데 근거로 제시된 논문을 자세히 살펴보면 하루에 들통 1개 분량은 섭취해야 효과를 기대할 수 있는 것으로, 실생활에서는 실천하기 어려운 것도 있다. 이러한 점에서 커피에 관한 연구는 일상의 균형적인 식사를 방해하지 않는 범위 내에서 클로로겐산을 섭취할 수 있는 상식적인 양이다.

커피에 포함된 클로로겐산 함량은 원두 종류나 로스팅 방법 등에 따라 달라지기 때문에 표준화하기 어렵다. 하지만 일반적으로 드립 커피는 1잔당 약 15~325mg, 인스턴트커피는 55~240mg 정도 포함되어 있다고 한다.

지금까지의 여러 연구 결과를 토대로 정리하면, 커피를 마시고 나서 기대할 수 있는 지방 연소 효과는 하루에 3잔(1잔은 150ml) 정도인 것을 알 수 있다.

커피에는 지방을 분해해서 연소시키는 성분이 포함되어 있다.
하루에 커피 3잔 정도를 마시면 지방 연소 효과를 기대할 수 있다.

커피는 우리 몸의 대사율을 높인다

카페인에는 대사율(Metabolic rate, 단위시간 동안 소모하는 에너지의 양)을 높이는 효과가 있다. 실제로 커피 1잔 정도의 카페인을 섭취하고 3시간 후에 3~5%, 3잔을 마신 경우에는 10% 정도 대사율이 높아진다는 연구 결과가 보고되었다. 가령 기초대사율이 1,600kcal(30대 남성의 평균)인 사람의 경우 3시간마다 커피 1잔을 마셨을 때 상승하는 대사에너지의 양은 30kcal 정도라고 볼 수 있다.

이를 두고 '하루에 고작 30kcal?'라고 우습게 생각해서는 안 된다. 1개월이면 900kcal, 1년이면 10,950kcal가 된다. 1kg을 감량하는데 필요한 소비에너지의 양이 7,000kcal인 것을 감안한다면 엄청난 양이다.

참고로 근육을 1kg 키워도 늘어나는 하루 소비에너지의 양은 30kcal 정도다. 운동을 하지 않고 커피를 매일 3잔 마시는 것만으로도 1년에 1.5kg을 줄일 수 있다니 놀랍지 않은가?

물론 '고작 1.5kg 감량?'이라며 불평하는 사람도 있을 것이다. 하지만 실제로 주변을 둘러보면 1.5kg조차 감량하지 못하는 사람이 의외로 많지 않은가?

대사율 상승은 커피 성분 중에서 오로지 카페인에 의한 효과다. 따라서 녹차나 홍차 등 카페인이 포함된 음료에서도 기대할 수 있다. 참고로 최근 들어 녹차 음용에 의한 체중 감량에 관련된 연구 보고도 나오고 있다.

커피에는 클로로겐산의 지방 연소 효과와 함께 카페인 이외의 성분에 의한 작용도 있기 때문에, 실제로는 더 높은 다이어트 효과를 기대할 수 있다.

> 카페인(커피 3잔 정도) 섭취에 의한 대사율 상승으로 1년에 1.5kg을 감량할 수 있다.

커피와 운동은 지방 연소 효과를 높인다

커피에 포함된 카페인에는 지방 분해와 지방 연소를 돕는 작용이 있으며, 대사율을 높이는 효과가 있다고 했다. 그런데 카페인 섭취와 운동을 병행하면 지방 연소 효과를 더욱 높일 수 있다.

커피를 마신 후 30분에서 1시간 사이에 체지방이 분해되어 유리지방산*의 형태로 혈중에 방출된다. 이때 유리지방산을 에너지로 소비하면 체지방을 연소시킬 수 있다.

카페인을 섭취하면 당 대사보다 지방 대사가 높아지는데, 카페인 섭취와 운동을 함께 병행하면 지방 연소율을 더욱 높일 수 있다.

운동을 시작하기 전에 커피 2~3잔 정도의 카페인을 섭취한 사

---

* free fatty acid. 카르복실기가 다른 관능기와 공유결합하지 않은 상태의 지방산. 결합형의 지방산을 산 혹은 알칼리 촉매로 또는 효소로 가수분해하여 얻게 된다. 식물유, 동물지방 또는 체액, 장기 조직 내에 극히 소량으로 존재한다(출처 : 생명과학대사전).

람이 카페인을 섭취하지 않고 운동한 사람에 비해서 30~50% 정도 더 많은 지방을 소비한다는 연구 결과가 보고되었다. 또한 운동 후에는 카페인에 의한 에너지 소비 효과가 5시간 정도 지속된다는 보고도 있다.

카페인에는 지방 연소나 에너지 소비를 향상시키는 것 외에 스포츠 퍼포먼스나 근육 수축력을 높이는 등 다양한 효과가 있다. 이러한 효과 때문에 과거에는 도핑 금지 약물로 분류되기도 했다.

여기서는 다이어트와 관련된 카페인의 작용으로 '운동의 지속성을 돕는 효과'에 대해 소개하려고 한다.

운동의 지속성에 관한 연구에서는 근육 운동 1시간 전에 약 180mg(커피 1잔 반 정도)의 카페인이 함유된 음료를 마신 사람이 그렇지 않은 사람보다 운동 도중에 느끼는 피로감이 적고, 장시간 운동을 지속할 수 있다는 결론을 얻었다. 이는 카페인에 집중력을 높이는 효과가 있기 때문인 것으로 보인다.

운동 시간이 길어지면 당연히 그만큼 에너지를 더 소비하기 때문에, 커피의 다이어트 효과를 기대하는 사람에게는 반가운 작용 중 하나일 것이다.

또한 카페인에는 근육통을 경감시키는 효과도 있다. 운동 1시간 전에 체중 1kg당 5mg의 카페인(체중이 60kg인 사람의 경우에 커피 3잔 정도)을 섭취하면 운동 후의 근육통이 완화된다는 연구 보고가 있다. 근육통 완화가 다이어트와는 직접적인 관련이 없지만, 근육통으로 인해 운동을 지속할 수 없는 상황은 막을 수 있다.

한편 커피를 마신 후에 지방을 연소시키려면 지속적인 운동보다 잠깐의 휴식을 병행하는 간헐적인 운동법이 훨씬 더 효과적이다.

커피를 마신 후 30분 동안 쉬지 않고 헬스용 자전거를 탄 그룹과 10분간 자전거를 타고 10분간 휴식을 취하는 방법으로 3세트를 반복한 그룹을 비교했는데, 휴식 시간을 넣은 그룹의 지방 연소율이 더 높은 것으로 나타났다.

다이어트를 목적으로 커피 음용과 운동을 병행할 생각이라면 운동 1시간 전에 커피 2~3잔을 마시고, 중간에 휴식 시간을 넣어서 강도가 약간 높은 운동(조깅, 헬스용 자전거 구르기 등)을 하면 효과적일 것이다.

평소에 조깅이 어려운 사람은 30분 정도 걷거나 가사 일을 해도 좋다. 30분의 워킹은 약 100kcal의 에너지를 소비한다. 게다가 커피를 마시면 대사율을 더욱 높일 수 있으므로, 커피를 마신 후 30분 정도 걷는 습관을 들인다면 2개월에 약 1kg 성도의 체중 감량을 기대할 수 있을 것이다.

커피를 마신 후에는 서 있는 것만으로도 에너지 소비량이 증가하므로, 조금이라도 몸을 움직이도록 노력하자.

운동과 관련된 효과는 카페인이 주를 이루지만, 커피의 장점은 강한 항산화 작용을 하는 클로로겐산 등의 폴리페놀도 함께 포함하고 있다는 것이다.

운동으로 생기는 산화 스트레스를 억제하는 항산화 물질이 다량 포함되어 있는 커피의 특성은 단순하게 카페인을 첨가한 음료나 건강보조식품과 구별되는 가장 큰 차이점이다.

커피를 마신 이후의 1시간은 지방이 연소되는 '골든타임'이다.

혈당치 상승을 억제하는 클로로겐산

당질(糖質, 당분이 들어 있는 물질)은 산화 효소에 의해서 우리 몸에 흡수될 수 있는 크기로 분해된다. 그리고 몸에 흡수되기 쉬운 형태가 된 당은 소화관에서 흡수되어 혈액으로 이동된다.

당이 혈액으로 이동되면 혈당치가 높아지고 췌장에서 인슐린이 분비된다. 인슐린은 혈중의 당을 에너지원으로 적재적소에 분배하고, 남은 양은 지방세포로 축적한다.

혈액 속의 당이 급격하게 늘어나면 우리 몸은 고혈당으로 인해 혈관이 손상되지 않도록 인슐린을 다량 분비하고, 당의 지방 세포화도 촉진한다. 따라서 혈낭치가 급상승하지 않도록 하는 것은 비만을 예방하는 데 있어서 매우 중요하다.

커피에 포함된 클로로겐산에는 당의 분해 효소를 방해하는 기능이 있어서 섭취한 당질이 우리 몸에 흡수되기 쉬운 상태로 변하는 시간을 늦춘다. 또한 몸에 흡수될 수 있는 상태가 된 당이 소화관에서 혈액으로 이동되는 것을 억제하는 역할도 한다. 그리고 소화관에서 분비되어 혈당치 상승을 억제하는 호르몬인 GLP-1의 생성을 촉진한다. 이처럼 당의 분해에서 흡수에 이르는 3단계에서 클로로겐산은 식후 혈당치의 급상승을 억제하는 기능을 한다.

클로로겐산은 약하게 로스팅한 원두에 가장 많이 함유되어 있다. 실제로 커피를 마시는 사람 중에 당뇨병 환자가 적은 이유 중 하나로 클로로겐산의 혈당치 상승 억제 효과가 관련이 있는 것으로 보고되었다. 따라서 클로로겐산에 의한 혈당치 억제 효과를 기대한다면 약하게 로스팅한 원두를 사용하는 것이 좋다.

클로로겐산은 당 분해를 늦추는 것은 물론 당 흡수를 방해해서 혈당치 상승 억제 호르몬의 생성을 촉진시키는 작용을 한다.

커피는 식욕을 억제한다

배가 고플 때 커피를 마시면 공복감이 사라지지 않는가? 이는 단순히 물로 배를 채웠기 때문도, 기분 탓도 아니다. 식욕은 자율 신경과 관련이 있어서 교감 신경이 활발해지면 식욕이 억제된다.

커피에 포함된 카페인에는 교감 신경의 활동을 항진시켜서 식욕 억제 호르몬인 콜레시스토키닌cholecystokinin의 분비를 자극하는 성분이 있다. 그래서 공복 시에 커피를 마시면 식욕이 억제된다. 또한 카페인 섭취 후에는 혈중의 유리지방산 농도가 높아져서 단기적으로 혈당치를 약간 상승시키는 작용을 하는데, 이 또한 공복감을 억제하는 원인 중 하나가 된다.

커피를 마시고 나서 교감 신경의 작용이 활발해지는 것은 30분에서 1시간 후다. 따라서 식사 전(30분에서 1시간)에 커피 1잔을 마시면, 식욕을 떨어뜨려 과식을 방지할 수 있으므로 다이어트에 효과적인 방법이라 할 수 있겠다. 단, 설탕은 넣지 말아야 한다. 우유는 하루에 1잔 정도까지가 좋다. 작은 컵에 든 커피 크리머는 생크림이 아니라, 식물유植物油를 유화시킨 것이므로 가급적 피하도록 하자.

커피 1잔은 공복감을 조절하거나 과식을 방지하는 데 효과적이다.

커피는 변비를 예방한다

주변을 둘러보면 변비를 가볍게 생각하는 사람들이 많은데, 변비는 건강과 깊은 관련이 있는 매우 중요한 증상이다. 장에는 면역과 관련된 세포의 70%가 존재한다. 또한 장은 소화관 호르몬, 세로토닌을 비롯하여 다양한 호르몬을 분비하는 '제2의 뇌'라 불리는 우리 몸의 사령탑이다. 장내 환경은 감염증이나 알레르기, 뇌 기능이나 노화, 대사증후군, 당뇨병, 암 등 대부분의 질환과 깊은 관련이 있다고 해도 과언이 아니다.

최근에는 장 속의 세균 패턴에 과체중형과 저체중형이 있다는 사실도 밝혀졌다. 또한 비만의 원인으로 과식이나 운동 부족뿐만 아니라, 장 속 세균의 불균형도 영향을 미친다는 연구 결과가 보고되고 있다.

변비는 부패한 음식물이 장 속에 쌓이는 상태와 같다. 그래서 장 속에 나쁜 균을 증식시키고, 장 속 환경을 악화시키는 가장 큰 원인이 된다. 따라서 변비 해소는 신체 대사를 원활하게 하

고, 쉽게 살이 찌지 않는 환경을 만든다는 의미에서도 매우 중요
하다.

여성을 대상으로 실시한 커피와 변비에 관한 몇몇 연구에서는
'커피를 많이 마시는 사람은 변비가 없다'는 보고서가 나왔다.

미국의 한 연구소에서 6만 여명에 달하는 36~61세의 여성을
대상으로 실시한 대규모 연구에서도 커피를 전혀 마시지 않는
사람보다 커피를 하루에 1~5잔을 마시는 사람이 변비가 적다는
결론을 얻었다. 단, 이 연구에서는 하루에 6잔 이상의 커피를 마
시는 사람 중에 변비를 겪는 사람이 많았다는 점에서 적당히 마
시면 변비를 예방할 수 있으나, 지나치게 마시면 오히려 변비에
걸리는 것으로 추측되고 있다.

일본에서도 이와 동일한 조사가 진행되었다. 18~20세 여성
1,705명을 대상으로 실시한 조사에서 커피 섭취가 많은 사람일
수록 변비가 적다는 결과가 보고됐다. 또한 이 조사에서는 일본
차와 중국차에 관한 실험도 실시했는데, 섭취량이 많은 사람일
수록 변비를 겪는다는 결과가 보고됐다.

모든 조사는 신체 활동량이나 흡연, 음주 습관, 식이섬유 섭취
량 등 변비와 관련이 있을 법한 여러 가지 요인의 영향을 고려했
다고 한다.

한편 동일한 사람이 커피를 마셨을 때와 마시지 않았을 때의
배변 횟수를 비교한 조사도 있다. 일본 구마모토 대학에서
19~22세의 여성 46명을 대상으로 '7일 연속 커피를 마신 주'와

'마시지 않은 주'로 나누어 배변 횟수를 비교해본 결과, 커피를 마신 주에 배변 횟수가 많았다는 결과를 얻었다.

커피의 변비 예방 효과는 커피에 포함된 카페인이 장과 부교감 신경을 자극하는 작용을 하고, 이것이 장을 활발하게 하는 요인 중 하나이기 때문인 것으로 보인다. 또한 카페인 이외의 성분에도 부교감 신경을 활발하게 하는 작용이 있다고 한다. 커피의 향에 포함된 성분에도 진정relax 효과가 있기 때문에 이러한 효과도 변비 예방과 관련이 있는 것으로 보인다.

하루에 커피 1잔을 마시면 변비 예방 효과를 기대할 수 있다.

다이어트에 효과가 있는 커피는?

커피는 원두 종류는 물론 로스팅 방법과 입자의 굵기, 추출 방식도 다양하다. 여기에서는 커피와 관련된 각각의 특징과 다이어트에 효과적인 커피에 대해 소개하겠다.

로스팅 방법

원두는 약한 로스팅, 중간 로스팅, 강한 로스팅까지 모두 8단계로 분류된다.* 원두는 약한 로스팅에서는 클로로겐산이 많고, 강한 로스팅에서는 니코틴산이 많아진다. 로스팅에 의해 증가하는 니코틴산은 중성 지방이나 콜레스테롤을 감소시키는 작용을 한다.

카페인 함량은 로스팅으로는 그다지 변하지 않는다. 다이어트

---

* 커피 로스팅(Coffee Roasting) : 생두(Green Bean)에 열을 가하여 볶는 것으로 커피 특유의 맛과 향을 생성하는 공정을 말한다(출처 : 두산백과).

효과를 기대하고 있다면 약하게 볶은 '라이트 로스트'나 '시나몬 로스트'를 선택하면 좋다.

원두 종류와 입자의 굵기

일본에서는 주로 아라비카Arabica종[*]과 로부스타Robusta종[**]이 유통되고 있다. 로부스타종은 클로로겐산 함유량이 높지만, 아라비카종에 비하면 맛이 떨어지기 때문에 일반 커피나 인스턴트 커피, 캔커피 등의 증량재로 사용되고 있다.

아라비카종은 풍미가 좋기 때문에 전문 커피숍 등에서 주로 판매된다. 원두를 분쇄할 때의 입자 굵기는 '보통 굵기'일 때 밸런스가 좋고, 커피 성분을 잘 추출할 수 있기 때문에 가장 적당하다.

추출 방식

커피에는 혈중 콜레스테롤치나 중성지방을 상승시키는 '디테르펜Diterpene'이라는 물질이 들어 있다. 이는 우리 몸에 좋지 않은

[*] 세계 커피 생산량의 60~70%를 차지하는 대표적인 커피 품종으로 원산지는 에티오피아이다(출처 : 두산백과).

[**] 아라비카종과 더불어 가장 대중적인 커피 품종. 원산지는 아프리카의 콩고이다(출처 : 두산백과).

성분인데, 커피를 추출할 때 페이퍼 필터를 사용하면 대부분 제거할 수 있다. 따라서 약하게 로스팅한 원두를 보통 굵기의 입자로 갈아서 페이퍼 드립으로 내린 커피가 다이어트에 가장 좋다.

그런데 인스턴트커피와 캔커피를 마시면 다이어트에 효과가 있을까? 인스턴트커피의 카페인 함유량은 드립 커피에 비해 적다(37쪽 카페인 함량 표를 참조). 하지만 인스턴트커피를 사용한 실험에서도 운동 효과가 있다는 결과를 얻었으므로, 카페인의 작용을 기대할 수 있다고 보면 된다.

인스턴트커피에 포함된 클로로겐산의 양은 아직 불명확하다. 하지만 건강 효과의 연구(뒤에서 자세히 소개한다)에서 드립 커피와 인스턴트커피를 나누어 분석하지 않았는데도 커피의 긍정적인 효과를 얻었기 때문에, 인스턴트커피에서도 클로로겐산의 효과를 기대할 수 있다고 보면 되겠다.

또한 캔커피는 카페인과 클로로겐산 함유량이 불명확하다. 하지만 일본에서는 커피 섭취량에 캔커피도 합산하여 연구 결과를 내놓고 있으므로, 캔커피도 일반 커피를 마셨을 때처럼 커피 효과를 기대할 수 있다고 본다. 다만, 설탕이 첨가된 캔커피는 다이어트는 물론 건강에도 좋지 않다.

원두는 로스팅 방법과 추출 방식에 따라서 다이어트 효과에 차이가 생긴다.

미국에서 인기몰이 중인 그린 커피 식품

최근 미국에서는 그린 커피(생두) 추출물로 만든 건강 기능식품이 유행하고 있다. 클로로겐산은 생두일 때 함유량이 가장 많고, 로스팅을 함에 따라 점차 감소한다. 그래서 생두 상태의 '그린 커피 엑기스'를 응축한 고高 클로로겐산 기능식품이 등장하게 된 것이다. 다이어트에 효과가 높다고 해서 큰 화제를 불러모으고 있다. 인터넷을 통해서 구입할 수 있으므로 조만간 유행할 지도 모르겠다.

나는 건강 기능식품 섭취에 반대하는 입장이다. 왜냐하면 어떤 성분을 응축해서 고농도로 섭취한다는 것은 생체 내의 영양 밸런스를 해칠 수 있기 때문이다.

일반 커피를 마심으로써 섭취되는 클로로겐산에는 건강 효과가 있는 것으로 인정되고 있다. 하지만 성분을 응축시켜서 일반 커피로 섭취할 수 없는 고농도의 클로로겐산을 장기간 복용한다면, 우리 몸은 어떻게 될까? 그 결과는 아무도 모르는 일이다.

가령 당근에 포함된 β-케로틴은 우리 몸의 항산화에 도움이 되는 유용한 성분이다. 하지만 건강 기능식품을 너무 많이 섭취하면 오히려 해가 된다는 사례가 보고되고 있다. 식품을 통해서 항산화 물질을 섭취하는 경우에는 많이 먹어도 상관없지만, 장기간 섭취할 경우에는 그에 관한 데이터가 없는 건강 기능식품에는 손을 대지 않는 것이 현명한 판단이라고 생각한다.

> 안전성이 확인되지 않은 건강 기능식품에는 관심을 갖지 말자. 우리 몸에 도움이 되는 영양소는 음식을 통해서 섭취하는 것이 기본이다!

100g당 포함된 카페인 함량(mg)

커피	60	반차(番茶)	10
인스턴트커피	56	호우지차	20
홍차	30	우롱차	20
교쿠로(玉露)	160	코코아	8
말차(抹茶)	67	콜라	10
센차(煎茶)	20	레드불	32

* '일본 식품 표준 성분표 2010'의 자료에서 환산.

* 콜라, 레드불은 제조사 발표 자료에서 환산.

커피에 함유된 카페인은 얼마나 될까?

커피에 함유된 카페인에는 다이어트 효과가 있다는데, 과연 다른 음료에 비해서 어느 정도일까? 위의 표는 각 음료에 포함된 카페인 함유량을 정리한 것이다. 교쿠로와 말차에도 카페인이 다량 포함되어 있는데, 가볍게 마시는 음료 중에서는 역시 커피에 함유된 카페인 양이 상당하다는 것을 알 수 있다. 참고로 드링크제나 두통약 등에도 카페인이 포함되어 있다.

카페인 섭취는 다이어트뿐만 아니라 다양한 질환을 예방하는 데 효과가 있다. 하지만 지나친 섭취는 금물이다. 이는 카페인에만 국한되지 않는다. 어떤 식품이든 과하게 섭취하면 오히려 해가 되므로 주의가 필요하다. 일본에서는 1일 카페인 섭취 허용량을 규정하고 있지 않지만, 뉴질랜드와 캐나다에서는 성인의 경우 1일 400mg 이내의 섭취를 권장하고 있다. 또한 카페인이 건강에 미치는 영향에 관한 연구 보고서를 살펴보면, 커피에 포함된 카페인 함유량을 고려했을 때 하루에 4잔 정도까지가 안전한 양이라고 한다.

2장

내 몸을 건강하게 만드는 커피

하루 커피 3잔이 수명을 연장시킨다

커피에 다이어트 효과가 있다고 하지만, 매일 마시는 것에 대해서는 거부감을 느끼는 사람도 있는 것 같다. 또한 커피가 몸에 나쁘다는 부정적인 이미지 때문에 '매일 커피를 마시면 병에 걸리지 않을까?'라는 말도 종종 듣는다. 그런데 몇몇 연구 사례를 살펴보면 커피는 매일 마시는 것이 몸에 좋은 음료임에는 분명하다.

커피와 건강의 연관성에 관한 연구 사례 중 미국 국립위생연구소NIH가 2012년에 발표한 '커피 소비량과 사망 리스크'에 관한 연구를 소개하겠다.

미국 국립위생연구소는 1995~1996년에 걸쳐서 미국에 거주하는 50~71세의 성인 62만 명을 대상으로 설문 조사를 벌였고, 그중에서 유효한 답변을 얻은 51만 명을 2008년까지 추적 조사했다. 다음 페이지에 소개할 결과는 그중에서도 조사에 적합한 약 40만 명을 대상으로 분석한 것이며, 40만 명 중 추적 조사 기간에 사망한 사람은 남성이 약 3만 명, 여성이 약 2만 명이다.

사망한 사람을 커피 섭취량에 따라 사망 원인을 분석한 결과는 오른쪽 [도표 1]과 같으며, 사망 원인에 영향을 미친 흡연이나 음주량 등을 배제한 상태에서 분석이 이루어졌다.

● 커피를 마셔서 감소한 사망 원인(p〈0.05)[*]

- 남성 : 모든 사인, 심장병, 호흡기 질환, 뇌졸중, 당뇨병, 기타

- 여성 : 모든 사인, 심장병, 호흡기 질환, 뇌졸중, 당뇨병, 기타

● 커피를 마셔서 증가한 사망 원인

- 남성 : 모든 암

- 여성 : 없음

● 커피를 마셔도 변하지 않았던 사망 원인

- 남성 : 없음

- 여성 : 모든 암, 감염증

이와 같이 대부분의 사망 원인에서 커피를 마시는 습관을 가진 사람의 사망률이 낮다는 것을 알 수 있다.

* 'p〈0.05'는 'p 수치'로 불리며, 확률을 나타낸다('probability'의 p다). 통계에서는 일반적으로 p 수치가 0.05 이하이면 통계적 유의차가 있다고 보고, 0.001 이하(p〈0.001)는 깊은 상호 관련이 있다고 본다.

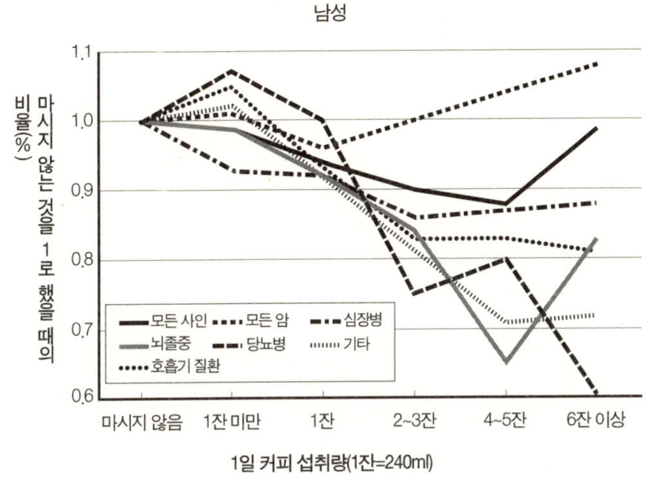

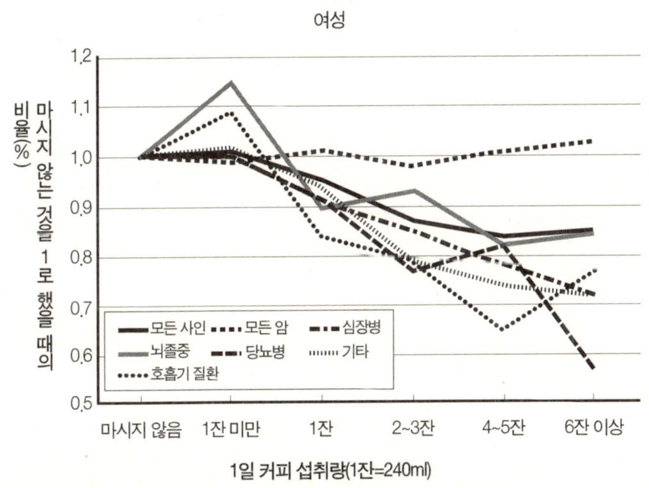

* 출처 : N Engl J Med. 2012 May 17;366(20)

암에 관해서는 3장(커피에 숨어 있는 항암 효과)에서 자세히 다루겠지만, 미국 남성의 암 사망 원인 중 30%를 차지하는 폐암에는 커피가 예방 효과가 없기 때문에 모든 암의 사망률은 약간 올라간 것으로 나타났다. 또한 여성도 남성만큼은 아니지만 폐암이 25% 정도로서 뚜렷한 경향이 나타나지 않았다.

이 밖에 미국 각지에서 실시된 동일한 연구 23건의 논문을 객관적으로 분석한(메카 분석) 연구에서도 커피를 마신 사람은 마시지 않은 사람에 비해서 사망률이 낮다는 결과가 나왔다. 다만, 2013년에 미국 사우스캐롤라이나 대학이 발표한 연구에서 55세 이하의 사람이 커피를 과도하게 마신 경우에 사망 위험이 높아진다는 결과를 얻었다. 이 결과를 일본 언론에서도 보도했는데, 이 보도를 통해서 커피가 몸에 나쁘다는 부정적인 이미지가 확산된 것으로 생각된다.

미국 사우스캐롤라이나 대학에서 실시한 연구는 20~87세의 성인 약 4만 명을 17년간 추적 조사한 결과다. 그 사이에 사망한 사람은 약 2,500명이고, 사망한 사람을 커피 섭취량에 따라 모든 사망률과 심장병 사망률로 나누어 분석했다.

그 결과, 일주일에 커피를 28잔 이상 마신 55세 이하의 사람은 마시지 않는 사람에 비해서 남성이 약 1.5배, 여성이 약 2배로 사망 위험이 높았다. 하지만 28잔 미만을 마신 여성이나 55세 이하에서는 사망 위험이 높지 않았다. 하지만 언론에서는 이 부분에 대해서는 거의 보도하지 않았다.

55세 미만에서 왜 이런 결과가 나온 것일까? 이에 대해서는 커피 섭취량이 많은 사람일수록 스트레스가 심한 경우가 많은데, 이와 관련이 있는 것으로 생각된다.

한편 사우스캐롤라이나 대학의 연구 조사는 미국 국립위생연구소의 연구와 동일하게 이루어졌지만, 연구 결과에서는 서로 다른 점이 발견됐다.

미국 국립위생연구소에서 실시한 연구는 대상자 수가 많고, 대상자의 연령이 높다는 점, 사망률에 영향을 미친 식사 등의 교락인자*를 상당 부분 배제한 상태에서 분석했다는 점 등이 서로 다른 결과로 이어졌을 수도 있다.

동일한 연구에서 서로 다른 결과가 나오는 일은 종종 있다. 오히려 모든 연구 결과에서 동일한 경향이 나타나는 일은 거의 없다. 표면적인 내용에 일희일비하지 말고 보다 자세한 내용을 확인하거나, 동일한 연구의 전체적인 경향을 살피는 것이 무엇보다 중요하다.

이 경우에는 55세 이상의 사람이 커피를 과도하게 마시는 것은 위험할 수 있다는 사실을 수용하는 방향으로 연구 결과를 바라보면 좋을 것이다.

* 교락인자(confound factor, 交絡因子) : 질환과 위험 요인과의 관계를 역학적으로 연구하는 경우에 진정한 관계를 왜곡된 형으로 관련짓는 인자, 성, 연령, 사회 경제 상태 등 질환의 발생과 위험 요인의 노출에 관련된 것이 많다(출처 : 간호학 대사전).

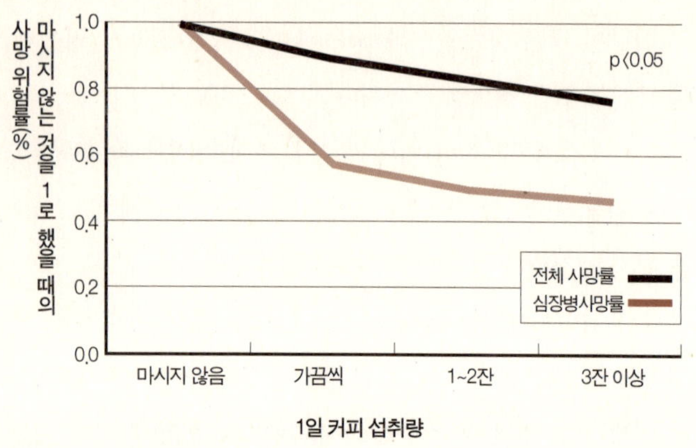

* 출처 : J Nutr. 2010 May;140(5):1007-13

　미국에서는 커피 한 잔의 양이 약 240ml로 일본보다 많다. 일본에서는 150ml 정도다. 이처럼 커피 1잔에 대한 기준은 나라마다 다르다. 또한 미국인들이 자주 마시는 커피는 약하게 볶은 원두로, 물의 양이 많은 아메리칸 스타일이다. 그런데 최근에는 스타벅스 같은 커피 체인점에서 강하게 볶은 원두를 사용하는 시애틀 스타일의 커피가 확산되고 있어서 다양한 스타일의 커피를 마실 수 있다.

　식사와 건강의 연관성을 살펴볼 때는 식생활이 전혀 다른 외국의 연구 결과보다 자국에서 이루어진 연구 결과를 보는 것이 참고가 된다.

다행스럽게도 일본에서는 복수의 대규모 역학 연구(사람을 대상으로 질병의 원인 등을 찾는 연구)가 이뤄지고 있으며, 커피와 건강에 관한 연구도 활발하게 진행되고 있다. 일본에서 실시된 커피에 관한 역학 연구는 각국의 연구자들 사이에서도 신뢰도가 높은 것으로 평가받는다.

커피 섭취량과 사망률에 관해서는 미국 국립위생연구소에서 실시한 연구보다 규모는 작지만, 일본에서도 동일한 연구가 진행되고 있다.

'JACC 연구'는 일본 내 45개 지역 주민(약 11만 명)을 대상으로 1988년부터 시작된 연구 조사다. 이 조사는 1988~1990년 시점에서 40세부터 79세까지의 성인 남녀를 26년간 추적했는데, 26년 사이에 사망한 사람은 약 2만 명이었다.

JACC 연구는 1일 커피 섭취량을 1잔 이하에서 4잔 이상까지 4개 그룹으로 나누어 모든 사망률과 암 사망률의 관계를 분석했다. 그 결과, 모든 사망률은 남녀 모두 커피를 마셨던 사람이 20% 정도 낮았다. 또한 여성의 경우는 커피를 마셨던 사람의 암 사망 위험이 낮은 것으로 나타났다.

이 연구에서도 미국 국립위생연구소의 연구 결과와 동일하게 남성의 경우 암 사망 위험의 감소 경향은 나타나지 않았다. 이는 일본도 남성의 암 사망 원인 1위가 폐암인 영향으로 판단된다.

이 밖에 일본에서 이루어진 '미야기 현 코호트(cohort, 같은 시기에 출생한 사람들의 집단) 연구'*에서도 커피를 마신 여성은 모든 사망률과 심장병 사망률이 낮은 것으로 보고되었다(46쪽 [도표 2] 참고).

남성은 모든 사망률과 심장병 사망률, 모든 암 사망률에서 연관성이 나타나지 않았으나 기타 사망률에서는 커피를 마신 사람이 20% 이상 낮았다.

일본인 중에는 하루에 커피를 5잔 이상 마시는 사람이 적기 때문에 많이 마시는 사람의 경향은 알 수 없다. 하지만 뭐든지 과유불급이 아니겠는가? 하루에 마시는 커피의 양은 3~4잔 정도가 안전하고, 이 정도면 커피의 건강 효과를 기대할 수 있겠다.

> 커피를 마시는 사람은 심장병과 당뇨병 등의 사망률뿐만 아니라 모든 사망률에서 낮은 경향을 보인다.

* 미야기 현에 거주하는 40~64세 성인 남녀 4만 명을 대상으로 10년간 추적 조사한 연구.

커피와 당뇨병은 무슨 관계?

일본의 당뇨병 환자는 증상을 자각하지 못하는 사람을 포함해서 2천만 명 이상인 것으로 추정되고 있다. 예전에 질병 상담센터에서 식사 습관을 지도했을 때의 일이다. "이런 식사를 계속하시면 당뇨병에 걸릴 수 있습니다."라고 아무리 주의를 줘도 그 심각성을 인식하지 못하는 환자가 많아서 놀란 적이 있다. 대부분의 사람들은 당뇨병에 걸리면 단 음식을 먹지 못하게 된다는 정도로만 생각한다. 그런데 당뇨병은 우리가 일반적으로 생각하는 것보다 훨씬 더 무서운 병이다.

실제로 당뇨병에 걸리면 암 이환율이 20%나 높아진다. 뇌졸중이나 뇌경색 위험은 2~3배, 심근경색은 2~5배나 높아진다. 또한 나 자신이 당뇨병에 걸리지 말아야 한다고 생각한 이유는 당뇨병에 걸리면 치매 위험이 2배 가까이 높아지기 때문이다.

지금까지 당뇨병의 심각성을 인식하지 못했던 사람들도 당뇨병이 얼마나 무서운 병인지 조금은 이해가 될 것이다.

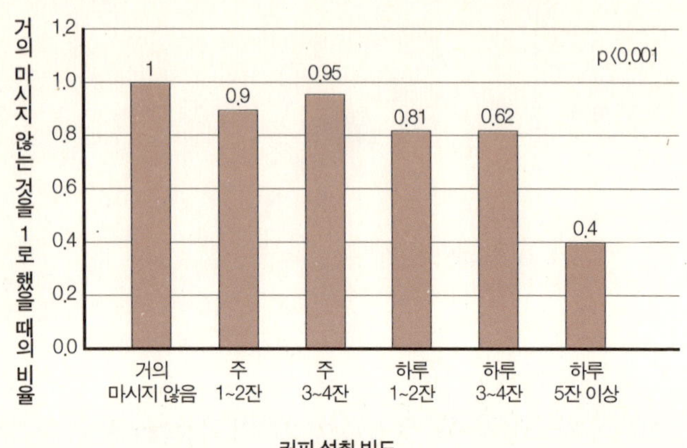

* 출처 : Endocr J. 2009;56(3):459-68

커피의 건강 효과로 가장 큰 주목을 끈 것이 바로 당뇨병 예방 효과가 아닐까 싶다. 앞서 미국 국립위생연구소의 연구 결과를 봐도 남녀 모두에게서 당뇨병 사망률은 커피를 마시면 마실수록 감소하는 경향을 보였다(43쪽 [도표 1] 참고).

그렇다면 일본에서 이루어진 연구 결과는 어떨까?

일본 국립 암연구센터에서 실시한 다목적 코호트 연구는 전국 각지의 보건소 지역 9곳에 거주하는 40~69세의 성인 남녀 56,000명을 10년간 추적 조사했다. 조사 기간 중 당뇨병에 걸린 사람은 남성이 1,601명, 여성이 1,093명이었다. 당뇨병에 걸린 사람들을 비만이나 흡연 등 기타 당뇨병 발병에 영향을 미치는 요인을 배제하고 커피 섭취량별로 분석한 결과를 정리한 것이

왼쪽의 [도표 3]이다.

이 연구에서도 커피를 마시는 사람은 당뇨병 발병 위험이 낮아진다는 결과를 얻었다. 특히 이러한 경향은 여성에게서 높게 나타났고, 하루에 3~4잔을 마신 사람들은 당뇨병 발병 위험이 40% 이상 감소했다. 일본에서 실시된 다른 연구에서도 커피를 많이 마시는 여성에게서 당뇨병 발병 위험이 낮은 것으로 나타났다.

한편 2014년 2월에 발표된 28건의 선행 연구를 메타 분석한 연구에서도 커피를 마시면 당뇨병 발병 위험이 낮아진다는 결과가 보고됐다. 이 보고에 따르면, 하루에 커피 6잔을 마시는 사람의 경우 당뇨병에 걸릴 확률이 33%나 낮았다고 한다. 또한 카페인이 함유된 커피만이 아니라, 디카페인 커피도 당뇨병 발병 위험을 감소시키는 것으로 확인되었다. 다만, 카페인이 함유된 커피에 비해서 그 효과는 약한 것으로 나타났다.

이들 연구의 결과는 커피를 마시는 습관이 있는 사람 중에 당뇨병에 걸린 사람이 적다는 것이다. 그렇다면, 정말로 커피를 마시면 당뇨병을 예방할 수 있는 것일까? 이에 관하여 일본 규슈 대학에서 실험을 했는데, 결과를 소개하면 다음과 같다.

이 실험은 당뇨병 증상이 있는 남성 35명을 모집한 후, 16주간 카페인 함유 커피를 마신 사람과 디카페인 커피를 마신 사람, 물을 마신 사람으로 나누어 내당능耐糖能*을 조사했다.

* 포도당 내성. 혈당치를 정상으로 유지하기 위한 혈중 당 회수 처리 능력을 말한다.

그 결과, 카페인 함유 커피를 마신 사람은 그렇지 않은 사람에 비해서 내당능이 개선되는 경향을 보였다. 또한 디카페인 커피를 마신 사람도 카페인 함유 커피를 마신 사람만큼은 아니지만 개선 경향을 보였다.

이상의 여러 실험 결과를 볼 때, 커피에는 당뇨병 예방 효과가 있다는 것을 알 수 있다.

카페인 함유 커피에는 당뇨병 예방 효과가 있다. 디카페인 커피 역시 카페인 함유 커피보다 약하지만 마찬가지 효과가 있다.

커피의 당뇨병 예방 성분은 뭘까?

커피를 마시면 당뇨병 발병과 사망 위험이 낮아지는 이유는
뭘까? 이러한 의문을 풀기 위해서는 커피에 함유되어 있는 성분
을 자세히 살펴볼 필요가 있다.

카페인 효과

앞서 1장(커피와 다이어트에 관한 8가지 진실)에서 설명했듯이
카페인에는 신체의 기초 대사를 활발하게 하여 지방을 연소시키
는 다이어트 효과가 있다. 이것이 당뇨병 예방으로 이어진다는
점이 주된 이유다.

JACC 연구는 커피 섭취량만이 아니라, 카페인 섭취량과 당뇨
병 발병에 대해서도 분석했다. 이 연구는 연구 대상자로 적합한
17,000여 명의 성인 남녀를 5년간 추적 조사했다. 그 결과 추적

기간 중에 당뇨병이 발병한 사람은 444명이었다.

이 연구에서도 커피를 마신 사람들은 당뇨병 발병 위험이 낮은 것으로 밝혀졌다. 또한 카페인 섭취량별로 당뇨병 발병률을 분석한 결과, 특히 비만(BMI 25 이상)인 사람에게서 보다 강력한 발병 위험 감소 경향이 나타났다.

클로로겐산 효과

위 연구의 메타 분석에 의하면 디카페인 커피도 당뇨병 예방에 효과가 있는 것으로 확인되었다. 클로로겐산에는 혈당치 상승을 억제하는 효과가 있는데, 이것도 관련이 있는 것으로 보인다. 또한 항산화 작용에 의한 인슐린 저항성(인슐린이 잘 듣지 않는 상태)의 개선 효과가 있는 것으로 추정되고 있다.

니코틴산 효과

니코틴산은 원두를 로스팅하면 증가하는 비타민이다. 니코틴산에는 당질 대사 촉진이나 당뇨병 발병에 관련된 중성지방을 낮추는 효과 등이 있다. 이러한 작용이 복합적으로 당뇨병 발병 위험을 낮추는데 관련이 있는 것으로 보인다.

아디포넥틴 효과

커피에는 사람에게 좋은 호르몬인 아디포넥틴adiponectin이 다량 함유된 것으로 보고되고 있으며, 아디포넥틴은 인슐린 저항성을 높이는 물질로 알려져 있다. 커피에 함유된 아디포넥틴 성분이 당뇨병을 예방하는 것으로 생각된다.

커피 향에 의한 스트레스 경감 효과

스트레스도 당뇨병을 유발하는 위험 요인 중 하나로 알려져 있다. 우리가 마시는 커피 향에는 흥분된 마을을 가라앉히는 진정relax 효과와 스트레스 완화 효과가 있어서 이것이 당뇨병 예방에 도움을 줄 가능성이 매우 높다.

> 커피에 포함된 카페인과 그 외의 여러 가지 성분이 당뇨병 예방과 관련이 있다.

커피는 장수 호르몬 분비를 촉진한다

앞에서도 언급했지만 커피를 마시는 사람은 각종 질병을 예방하는 '아디포넥틴'이라는 호르몬의 혈중 농도가 높은 것으로 보고되고 있다.

아디포넥틴은 지방세포에서 분비되는 호르몬으로서 지방산의 연소나 당 작용, 당 이용의 촉진, 염증 억제 등 신체에 유익한 활동을 한다. 그래서 혈중 아디포넥틴 농도가 높은 사람은 대사증후군과 당뇨병, 동맥경화, 신장병, 암 발병 위험이 낮은 것으로 보고되고 있다. 또한 100세를 넘어 장수하는 사람들의 혈중 아디포넥틴 농도가 높다는 점에서 '장수 호르몬'으로 큰 주목을 받고 있다.

아디포넥틴 분비는 내장 지방과 관련이 있는데, 내장 지방이 늘어나면 반대로 줄어든다. 즉 복부 주변에 지방이 쌓이는 대사증후군은 혈중 아디포넥틴의 농도가 낮다는 뜻이다. 반대로 살이 빠져서 내장 지방이 줄어들면 아디포넥틴은 늘어나고 지방산의 연소나 당 이용 등이 촉진된다.

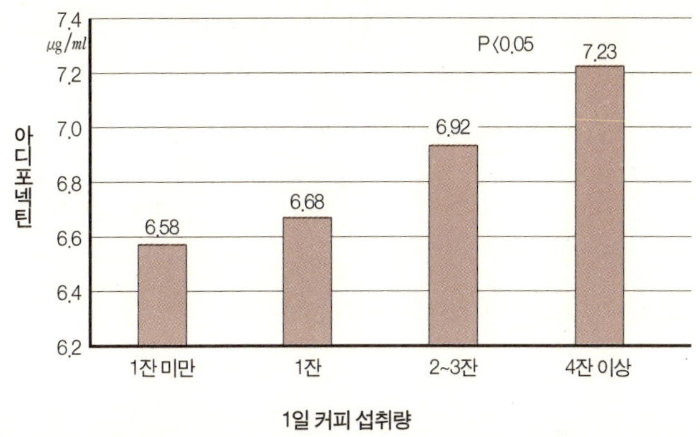

* 출처 : Nutr Diabetes. 2012 Apr 2;2:e33

또한 아디포넥틴 분비는 운동에 의해서도 증가한다는 사실이 보고되고 있다. 최근에 동물 실험을 통해서 아디포넥틴이 근육 속에서 운동과 동일한 작용을 하는 것이 확인되었다. 이러한 실험을 근거로 아디포넥틴을 증가시키는 대사증후군 예방 약품 개발이 활발하게 진행되고 있다.

일본 나고야 대학이 발표한 아이치 현 직장인 코호트 연구에서는 35~60세의 성인 남녀 약 300명을 대상으로 커피 십취량에 따른 혈중 아디포넥틴의 농도를 측정했는데, 그 결과는 위의 [도표 4]와 같다. 도표를 보면 커피를 하루에 4잔 이상 마신 경우에는 아디포넥틴의 농도가 가장 높은 것을 알 수 있다. (이 연구에서는 비만도가 연구 결과에 영향을 미치지 않도록 고려했다.)

미국 하버드 대학에서도 비만인 사람이 커피를 마시면 아디포넥틴이 증가하는지에 관한 실험을 했다. 이 실험은 평균 연령 40세를 기준으로 BIM(체질량 지수) 25 이상인 비만자(비흡연자) 중에서 건강한 사람 45명을 대상으로 실시됐다.

대상자들을 커피를 마시는 그룹, 디카페인 커피를 마시는 그룹, 커피 음료를 마시지 않은 그룹으로 나눈 다음 8주 후의 아디포넥틴 양을 비교했다.

결과는 조사를 시작했을 때보다 커피를 마신 그룹은 커피를 마시지 않은 그룹에 비해서 아디포넥틴 양이 증가했다. 또한 디카페인 커피를 마신 그룹에서도 아디포넥틴 양이 증가하는 경향을 보였다. 이처럼 커피가 아디포넥틴의 분비를 촉진하는 효과는 카페인과 카페인 이외의 성분 모두에 있다고 볼 수 있다.

한편, 일본의 젊은 여성들을 대상으로 식품 섭취 상황과 혈중 아디포넥틴 농도를 비교한 연구에서는 유일하게 커피만 아디포넥틴 농도에 영향을 주는 것으로 나타났다.

감자나 토마토에 포함된 오스모틴osmotion에도 아디포넥틴과 동일한 작용이 있다는 보고가 있지만, 식사를 통해서 혈중 아디포넥틴의 농도를 증가시키는 방법은 커피 섭취 외에는 없는 것으로 보인다.

> 식사를 통해서 아디포넥틴의 양을 증가시킬 수 있는 방법은 오직 커피 섭취뿐이다.

커피는 치매를 예방한다

치매는 크게 '알츠하이머병', '뇌혈관성 치매', '레비소체형 치매'로 나뉜다. 이 중에서 일본인이 가장 많이 걸리는 치매가 알츠하이머병이다. 일본인 치매 환자의 약 60%를 차지한다.

핀란드의 쿠오피오 대학에서 성인 남녀 1,400여 명을 대상으로 21년간 추적 조사한 결과, 대상자들이 65~79세가 되었을 때 61명에게서 치매 증상이 나타났다고 한다. 또한 61명 중 48명은 알츠하이머병으로 밝혀졌다.

그리고 연구를 진행하면서 커피 섭취량과 치매 발병자 사이의 관계를 분석했는데, 모든 치매와 알츠하이머병 발병 위험이 매일 커피를 3~5잔 마신 그룹에서 낮은 것으로 밝혀졌다(60쪽 [도표 5]를 참고). 이 조사에서는 치매 발병 위험인 당뇨병이나 뇌졸중에 의한 영향은 보정됐다.

이 조사에 의하면, 당뇨병이나 뇌졸중으로 인한 발병 위험을 고려하더라도 커피를 마시면 치매 발병 위험이 낮아진다는 것이다.

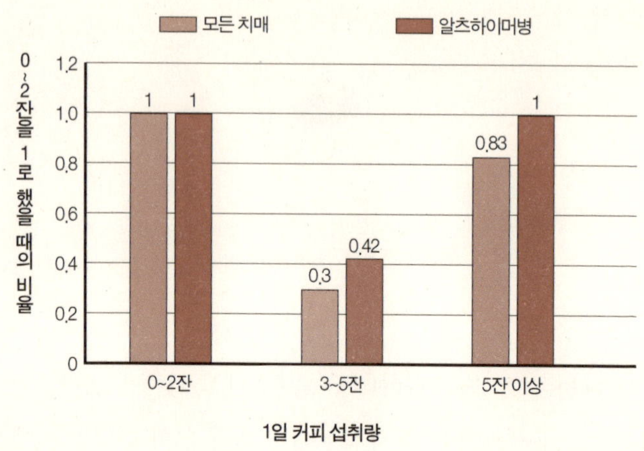

* 출처 : J Alzheimers Dis. 2009;16(1):85-91

알츠하이머병 환자의 뇌에는 아밀로이드 β단백질로 구성된 아밀로이드반(노인반)이 축적된다. 이 아밀로이드반은 40세 정도부터 축적되기 시작해 나이가 들면서 축적량이 증가한다. 알츠하이머병은 아밀로이드반의 축적이 특히 현저하게 나타난다는 점에서 아밀로이드반이 알츠하이머의 원인이라는 '아밀로이드 가설'이 존재한다.

그런데 동물 실험을 통해서 카페인이 아밀로이드반의 축적을 감소시킨다는 사실이 확인됨에 따라 커피가 알츠하이머병을 예방하는 주요 식품으로 여겨지고 있다.

이 밖에도 커피에 함유된 '트리고넬린trigonelline'이라는 물질은 뇌신경 세포를 활성화시키는 작용뿐만 아니라 클로로겐산에 항건망증 작용을 하는 것으로 동물 실험을 통해서 보고되고 있다.

알츠하이머병에 이어서 치매 환자의 20%를 차지하는 뇌혈관성 치매는 뇌졸중 때문에 발생한다.

커피를 섭취하면 뇌졸중 발병 위험이 감소한다는 것은 43쪽에 소개한 [도표 1]의 미국 국립위생연구소 연구를 비롯해 각국의 연구 사례에서도 보고되고 있다. 또한 일본에서 진행된 대규모 연구에서도 커피를 마시면 뇌졸중 발병 위험이 줄어드는 것으로 확인되고 있다.

일본에서 진행된 다목적 코호트 연구는 전국 각지의 9개 보건소 관할 내에 거주하는 45~74세의 성인 남녀 82,000여 명을 대상으로 13년간 추적 조사했는데, 그중에서 3,425명이 뇌졸중에 걸린 것으로 확인되었다. 그리고 뇌졸중에 걸린 사람들을 커피 섭취량으로 나눈 후 뇌졸중 발병 상승 위험을 고려하여 분석한 결과, 커피를 하루에 2잔 이상 마신 사람은 뇌졸중 발병 위험이 20% 낮은 것으로 확인되었다.

또한 일본의 대규모 역학 연구인 JACC 연구도 커피 섭취량과 뇌졸중 사망자의 연관성을 분석했다. 이 연구에서는 일본 각지의 40~79세 성인 남녀 77,000여 명을 선정해 13년간 추적 조사했는데, 그중에서 650명이 뇌졸중으로 사망했다고 한다.

JACC 연구에서는 커피를 많이 마신 사람일수록 뇌졸중 사망 위험이 낮아지는 경향이 나타났다(62쪽 [도표 6] 참고).

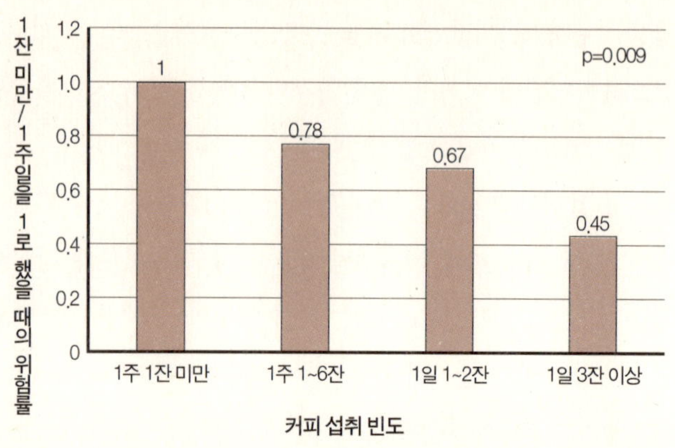

*출처 : J Epidemiol Community Health. 2011 May;65(3):230-40

　스웨덴의 카로린스카 연구소가 2011년에 JACC 연구를 포함하여 커피와 뇌졸중의 관계를 조사한 11건의 연구를 메타 분석한 결과를 발표했다. 이 발표에 따르면 남성은 하루에 커피 6잔까지 마신 경우에 뇌졸중이 감소했고, 여성은 2잔까지 마신 경우에 감소했다. 다만, 남녀 모두 커피를 과음한 경우에는 위험이 상승하는 경향을 보였다. 이러한 결과를 볼 때, 커피는 하루에 3~4잔 정도가 건강에 좋은 것으로 판단된다.

　그렇다면 커피가 뇌졸중 발병 위험을 낮출 수 있는 이유는 무엇일까? 이에 관해서는 커피 섭취가 뇌졸중 위험 요소인 당뇨병의 발생을 억제한다는 점이 주요 원인으로 거론되고 있다. 또한 커피에는 혈전이 생기지 않도록 하는 효과가 있으며, 클로로겐산의 항산화 작용과 항염증 작용이 혈관의 손상을 감소시키는 것도 또 다른 원인으로 여겨지고 있다.

이 밖에도 치매의 발병 위험이 되는 파킨슨병도 커피를 마시면 발병이 억제된다는 보고가 있다. 따라서 중년기부터 매일 커피 마시는 습관을 들이면 치매 예방으로 이어진다고 할 수 있겠다.

각종 연구를 통해서 커피는 치매와 치매 발병의 위험이 되는 뇌졸중 발병 위험을 낮추는 것으로 확인되었다.

커피는 위장에 나쁠까?

커피가 몸에 해롭다는 부정적인 이미지를 갖게 된 것은 '커피는 위에 나쁘다'는 정보 때문이 아닐까 싶다. 카페인에 위산 분비를 촉진하는 작용이 있어서 위에 부담을 준다고 하는데, 실제로도 커피는 위에 나쁜 것일까?

일본 가메다龜田 종합병원에서 일본인 약 8,000명을 대상으로 조사한 연구에서는 '위궤양, 십이지장궤양, 위식도 역류증, 비미란성 위식도 역류증'이라는 4대 상부소화관 질환과 커피 섭취 사이에 연관성이 없는 것으로 확인되었다. 이 연구는 성별과 연령, 신체조건, 흡연, 음주 습관, 필로리균(Helicobacter pylori, 사람이나 원숭이의 위에 존재하는 나선균의 일종)의 유무 등 연구 결과에 영향을 미칠 수 있는 인자를 배제하였다. 또한 위궤양과 십이지장궤양에 관해서 국내외의 동일한 연구를 메타 분석했는데, 마찬가지로 커피 섭취와의 연관성은 발견되지 않았다.

3장(커피에 숨어 있는 항암 효과)에서 좀 더 자세하게 다루겠지만, 커피는 위암 발병과 관련이 없는 것으로 나타났다.

커피에는 위산 분비를 촉진하여 소화를 돕는 효과가 있기 때문에, 오히려 위장의 활동을 돕는 작용을 한다. 또한 커피에 포함된 성분에는 항산화 작용이나 항염증 작용이 있어서 오히려 이러한 성분이 위장에 긍정적인 영향을 미칠 가능성도 있다.

'커피가 위에 나쁘다'는 정보는 근거 없는 속설일 뿐, 위궤양이나 십이지장궤양의 '위험 인자'라는 의학적 근거는 없다.

애주가에게 커피가 좋은 이유

커피의 건강 효과 중에서도 특히 효과가 좋다고 인정받는 것이 '간에 대한 효능'이다. 커피에는 간 기능을 좋게 하는 작용이 있다는 연구 보고가 상당히 많은데, 그중에서도 2010년에 발표된 일본 규슈 대학의 연구를 살펴보도록 하자.

규슈 대학에서 실시한 연구는 후쿠오카에 거주하는 만성 간질환이 없는 49~76세의 남녀 12,000명을 대상으로 커피 섭취량에 따른 간 기능 검사 결과를 분석한 것이다.

이 연구에서는 간 기능을 알아보는데 일반적으로 사용하는 GGT, AST, ALT 수치와 커피 섭취의 관계를 살펴봤다. 연구에 적용된 검사 수치는 다음과 같다.

- **GGT(r-GTP) 기준치** : 50IU/L 이하. 알코올성 방해 지표로 알코올의 섭취 상태를 알 수 있다. 매일 술을 마시는 사람은 높은 경향을 보인다.
- **AST 기준치** : 30IU/L 이하. 간 이외에도 심근이나 골격근 등의 장애를 알

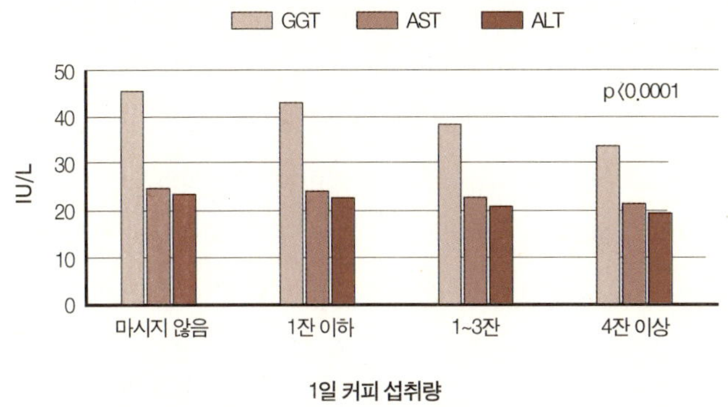

* 출처 : Scaud Clin Lab Luvest 2010 Apr 19;70(3):171-9

수 있는 지표다.

●**ALT 기준치** : 30IU/L 이하. 간이 장애를 받고 있는지를 알 수 있는 지표다.

위의 [도표 7]을 보면 커피 섭취량이 많은 사람의 경우에는 모든 간 기능 검사 수치가 낮고, 간 기능이 좋은 것을 알 수 있다. 또한 이 연구에서는 AST, ALT 수치가 40IU/L 미만과 40IU/L 이상인 2개의 그룹으로 나누어 커피 섭취량과의 관계도 관찰했다. 그 결과 남성의 경우에 AST, ALT 수치가 40IU/L 이상으로 확인되었는데, 간 기능에 문제가 있는 사람이라도 커피 섭취량이 많은 사람은 GGT와 AST 수치가 낮은 것으로 나타났다.

또한 알코올 섭취량과의 관계도 관찰했는데, 알코올 섭취량이 많은 사람이라도 커피를 많이 마셨을 경우에는 모든 간 기능 검사 수치가 낮은 것으로 확인되었다. 이러한 경향은 특히 남성에게서 현저하게 나타났다. 여성은 술을 마시는 사람이 남성에 비해 적기 때문에 그러한 경향이 나타나기 어려웠을 가능성이 있다.

이와 동일한 연구 결과는 다른 나라의 연구에서도 다수 보고되고 있다. 특히 커피를 마신 사람은 알코올의 영향이 강하게 나타나는 검사 기준인 GGT 수치가 낮은 것으로 확인되고 있다. 그런데 녹차나 홍차 등의 차 종류에서는 이러한 경향이 나타나지 않았다. 따라서 커피에 포함된 카페인 이외의 성분이 간 기능을 좋게 하는 것으로 추측된다.

이러한 연구 결과를 근거로 볼 때, 술을 자주 마시는 사람은 간을 보호하기 위해서라도 커피를 자주 마시는 편이 좋겠다.

술을 자주 마시는 사람이 커피를 자주 마시면 간 기능 보호에 좋다.

커피는 통풍 예방 효과가 있다

술을 좋아해서 통풍이 걱정되는 사람에게는 커피가 희소식이 아닐까 싶다. 커피에는 간을 보호하는 효과 외에 통풍을 예방하는 효과도 있다고 한다.

캐나다의 브리티시 콜롬비아 대학에서는 커피 섭취량과 통풍 발병 위험에 관한 대규모 연구를 실시했다. 이 연구는 성인 남성 4,600여 명을 대상으로 12년간 추적 조사한 것인데, 조사 기간 중에 통풍에 걸린 사람은 757명이었다.

통풍에 걸린 사람을 커피 섭취량별로 나누어 통풍과 관련이 있는 요인을 제거하고 연관성을 살펴봤다. 이 연구에서는 커피를 하루에 4~5잔 마신 사람은 40%, 6잔 이상 마신 사람은 60%나 통풍 발병 위험이 낮은 것으로 나타났다.

또한 디카페인 커피 섭취량과 통풍 발병 위험에 관해서도 조사했는데, 디카페인 커피를 마신 사람에게서도 통풍 발병률이 낮은 것으로 나타났다. 그리고 전체 카페인 섭취량과의 관계에 대해서도 조사했는데, 카페인 섭취량과는 연관성을 찾아볼 수 없었다.

브리티시 콜롬비아 대학의 연구 외에도 동일한 연구 결과가 다수 보고된 것으로 볼 때, 커피의 통풍 예방 효과는 카페인 외의 성분에 의한 항산화 작용과 관련이 있는 것으로 보인다.

커피를 자주 마시는 사람은 통풍 발병률이 낮은 것으로 확인되었으며, 디카페인 커피에서도 통풍 예방 효과를 기대할 수 있다.

커피는 우울증과 자살률을 낮춘다

최근 우울증 환자가 빠른 속도로 늘고 있다. 또한 자살률도 해마다 증가하는 추세에 있으며, 일본은 세계 2위의 '자살 대국'이라 불리기도 한다.

우울증과 자살은 심각한 사회 문제로 인식되고 있는데, 최근 하버드 대학에서 커피를 마시면 우울증과 자살 충동을 낮출 수 있다는 조사 결과를 발표했다.

우선 우울증과 커피의 연관성에 관해서는 '간호사 건강 조사(간호사였던 여성을 대상으로 함)'를 목적으로 1996년부터 2006년까지 약 5만 명을 10년간 추적 조사했다. 그 결과, 우울증에 걸린 사람은 2,607명이었다.

우울증 발병과 커피 섭취량과의 관계를 우울증 관련 요인을 고려하여 분석해 보니, 하루에 커피를 4잔 이상 마신 경우에는 우울증에 걸린 사람이 20%나 적은 것을 알 수 있었다. 또한 디카페인 커피 섭취량도 조사했는데, 디카페인 커피와 우울증은 연

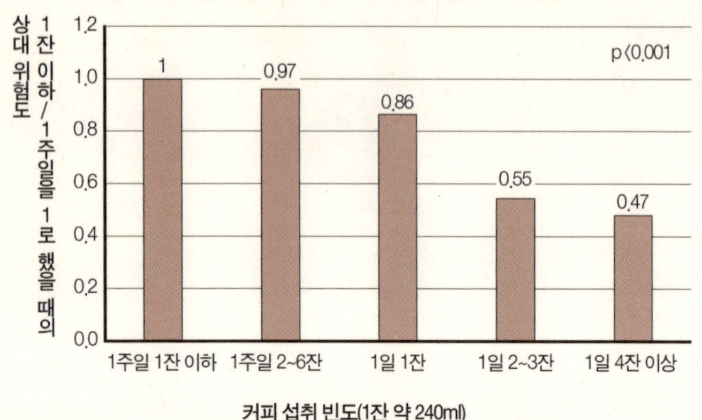

* 출처 : Lucas M 외, World Biol Psychiatry, 2013 Jul 2

관이 없었다.

이 연구는 카페인 섭취량과 우울증과의 관계도 조사했는데, 카페인 섭취량이 많을수록 우울증 발병률이 낮은 것을 알 수 있었다.

또한 하버드 대학에서는 간호사 건강 조사와 남성 의료 종사자 연구를 합친 약 21만 명(남성이 44,000여 명, 여성이 161,000여 명)을 대상으로 커피 섭취와 자살의 연관성도 분석했다. 조사 기간 중에 자살로 사망한 사람은 277명이었다.

그 결과는 위의 [도표 8]에서 볼 수 있는 것처럼, 커피를 자주 마신 사람일수록 자살률이 낮은 것을 알 수 있었다. 이 조사에서는 카페인 총 섭취량도 분석했는데, 카페인 섭취도 자살 위험을 낮추는 것으로 나타났다. 이는 커피의 카페인이 우울증으로 저하된 세로토닌이나 도파민, 노르아드레날린 등 뇌내 물질의 분비를 자극하기 때문에, 이러한 작용이 우울증과 자살을 낮추는 것으로 보인다.

커피에 함유된 카페인이 우울증과 자살 위험을 감소시킨다는 연구 결과가 보고되었다.

커피를 마시면 몸이 차가워질까?

　　동양 의학이나 매크로바이오틱Macrobiotic*에서는 커피를 '몸을 차갑게 하는 음식'으로 분류한다. 그래서 커피가 나쁜 음식처럼 취급되기도 하는데, 실제로 커피에는 체온을 낮추는 성분이나 효과가 없다.

　　동양 의학에서는 '몸을 따뜻하게 하는 것'과 '몸을 차갑게 하는 것'이라는 두 가지 개념에 따라 '건강에 좋은 것'과 '좋지 않은 것'으로 분류하여 논하는 경향이 있다. 그런데 커피는 실제로 몸을 차갑게 하는 것이 아니라, '몸에 좋지 않다'는 판단에 따라 '차갑게 하는 음식'으로 분류된 것이 아닌가 생각된다.

　　또한 동양 의학에서는 쓴맛을 '몸을 차갑게 하는 것'으로 분류하기 때문에, 이 또한 커피를 '몸을 차갑게 하는 음식'으로 분류하는 것 같다.

* 유기농 곡류(현미)와 채소, 해조류(海藻類) 위주로 섭취하는 장수 식사법을 말한다.

그렇다면 왜 커피를 '몸에 좋지 않은 것'으로 분류한 것일까? 그 이유를 살펴보면 카페인에는 뇌를 흥분시키는 작용이 있고, 혈관을 수축시켜서 자율 신경을 활성화하는 작용, 그리고 이뇨 효과가 있기 때문인 것으로 추측된다.

또한 커피의 쓴맛을 내는 성분인 타닌tannin에는 철의 흡수를 방해하고, 혈관을 수축시키는 수렴 작용이 있기 때문에 과다 섭취하지 않도록 경계했던 것일 수도 있다.

그 외에도 커피는 따뜻한 지역에서 생산되기 때문에 몸을 차갑게 하는 작용이 있을 것이고, 다른 기후에서 자란 음식을 먹는 것은 몸에 좋지 않다는 설도 있다. 하지만 동양 의학에서는 녹차도 몸을 차갑게 하는 음식으로 분류하고 있으므로, 커피의 카페인이나 타닌 성분이 몸에 좋지 않다고 생각한 것이 아닐까 싶다.

일본에서 커피를 일반적인 음료로 마시기 시작한 시기는 메이지 시대부터다. 또한 동양 의학의 발상지인 중국에서 커피가 대중적인 음료로 인식되기 시작한 것은 비교적 최근의 일이다.

동양 의학은 수천 년의 경험을 축적하여 발전시킨 것으로, 커피에 관한 데이터가 부족하다는 점은 부정할 수 없는 사실이나. 또한 동양 의학 분야에서는 서양 의학과 영양학에 대한 비판적인 견해도 적지 않다. 반대로 서양 의학 분야에서는 동양 의학을 이해하지 못하는 부분도 많다.

따라서 동양 의학과 서양 의학이 결합해서 치료를 진행하는 사례가 적은 것이 현실이다. 서양 의학이 동양 의학을 받아들이기 어려운 이유는 과학적인 근거를 얻기 어렵고, 치료법이 서양 의학처럼 통일화될 수 없기 때문이다.

동양 의학에는 수많은 유파流派가 존재하기 때문에 시술자의 숙련도나 감각에 의해서 치료가 달라질 수 있는 점이 치료를 획일화할 수 없는 어려움이 되고 있다. 하지만 최근에는 미국을 중심으로 침을 놓거나 뜸을 뜰 때 어느 경혈이 어떤 효과를 나타내는지에 대한 근거를 찾으려는 움직임이 나타나고 있다. 또한 그와 관련한 연구도 점차 증가하고 있다.

동양 의학과 서양 의학은 각각의 장점이 있다. 따라서 서로를 부정하고 비판할 것이 아니라, 양쪽의 장점과 지식을 활용하여 발전시키는 것이 이상적이라고 생각한다. 커피의 건강 효과에 대해서는 동양 의학도 서양 의학의 근거를 참고하여 유익한 음식으로 받아들였으면 좋겠다.

커피가 체온을 낮춘다는 의학적 근거는 없다.

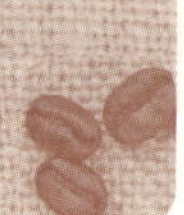

로스팅 단계에 따른 니코틴산 함량(mg)

니코틴산

로스팅 단계	콜롬비아	브라질	인도네시아
생두	0.1	0.1	0.6
라이트	3.6	1.0	0.6
미디엄	5.4	2.2	5.0
시티	2.8	1.3	4.8
풀시티	8.9	6.1	6.4
프렌치	7.7	7.4	5.6

* 출처 : Anai Sci. 2004 Feb;20(2):325-8

건강에 좋은 로스팅 단계는?

건강을 위해서는 약한 로스팅이, 그리고 원두에 많은 니코틴산이 함유되어야 좋다. 니코틴산은 생두에 포함된 트리고넬린이라는 성분이 가열되어 생기는 비타민이다. 니코틴산에는 혈중 콜레스테롤이나 중성지방을 낮추는 작용이 있어서 동맥경화를 예방하는데 도움이 된다. 로스팅 정도는 '풀시티', '프렌치', '이탈리안' 순으로 강하게 볶은 것이고, 이탈리안이 가장 강하게 볶은 것이다.

또한 건강을 위해서는 혈청 지질을 상승시키는 디테르펜류를 제거해야 하는데, 드립할 때 페이퍼 필터를 사용하면 제거할 수 있다.

위의 표는 로스팅 단계에 따른 니코틴산 함유량 변화를 나타낸 것이다. 건강을 위해서는 클로로겐산이나 트리고넬린이 가장 풍부한 '약하게 로스팅한 원두'와 니코틴산이 풍부한 '강하게 로스팅한 원두'를 균형 있게 마시면 좋다.

암을 예방하는 커피

암 사망자는 줄고, 암 환자가 늘고 있다

    암 사망률을 논할 때 단순하게 사망자 수를 그 당시의 인구로 나눈 조사망률粗死亡率*로 따지는 경우가 많다. 그런데 일본에서는 조사망률을 그대로 활용할 수 없다. 노인 인구의 급증으로 사망자 수가 많아서 조사망률이 증가하고 있기 때문이다.

    예를 들어 1950년대는 아동 수가 많고 노인 수가 적었기 때문에 일본인의 평균 연령은 20대였다. 하지만 현재는 인구의 4분의 1이 65세 이상으로 평균 연령이 45세다. 그야말로 고령화 사회다. 게다가 일본은 오키나와 현의 평균 연령이 40대인 반면 아키타 현의 평균 연령은 49세로, 지역에 따라 10세 가까이 차이를 보이고 있다.

    따라서 인구 구성이 서로 다른 집단의 조사망률을 비교해도 고령화 집단의 사망률이 당연히 높게 나타날 수밖에 없고, 암 사

---

* 1년간의 사망자 수를 그해의 인구로 나눈 것. 보통 1,000분비로 표시된다. 연령 계층, 성별, 사인 등을 고려하지 않고 정정하지 않은 채로 나타낸 사망률을 말한다.

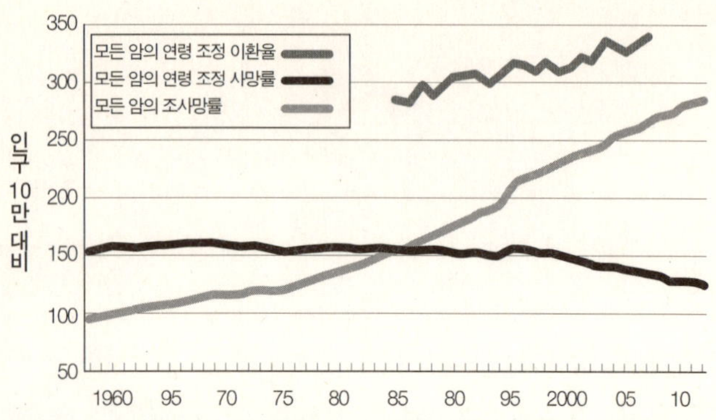

* 출처 : 일본 국립 암연구센터 암 대책 정보센터

※ 연령 조정 이환율은 4개 현(미야기 현, 야마가타 현, 후쿠이 현, 나가사키 현) 지역에 등록된
　암 이환 데이터를 사용함.

망자의 비율이 증가하고 있는지를 정확하게 파악할 수 없다.

따라서 암 사망자가 늘고 있는지를 알아보려면 연령 조정 사망률을 봐야 한다. 연령 조정 사망률은 인구 구성이 서로 다른 집단을 비교하기 위해서 연령에 의한 영향을 배제한 사망률을 가리킨다.

위 [도표 9]의 연령 조정 사망률에서 알 수 있듯이 일본은 암 사망자의 비율이 줄어들고 있다. 이는 집단 검진과 MRI 진단 기술 도입 등으로 암을 조기에 발견할 수 있게 된 점과 치료 기술의 발달이 주된 요인인 것 같다.

그렇다면 암에 걸린 사람의 비율은 어떨까? 유감스럽게도 점차 증가하는 추세를 보이고 있다. 암 환자가 증가하는 원인으로는 검사 정밀도의 향상으로 조기 발견 확률이 높아진 것 외에 생활 환경의 변화 등 다양한 요인이 관련되어 있는데, 명확하게 '이것이 원인이다!'라고 단정할 수 있는 것은 아직 발견되지 않았다.

국제 사회에서는 직접 흡연과 간접 흡연, 음주, 비만, 저체중, 소금에 절인 음식이나 염분을 과도하게 섭취하는 식습관, 가공육이나 살코기(소고기, 돼지고기, 양고기)를 과도하게 섭취하는 식습관이 암 발병 위험을 높이는 요인으로 인정하고 있다. 일본인의 암 발병이 늘고 있는 배경에도 이러한 위험 요인들이 존재하며, 암 발병 위험을 낮추는 요인과의 불균형이 원인인 것으로 추측되고 있다. 다만, 암에 걸려도 암으로 사망하는 확률이 점차 줄고 있다는 점은 반가운 변화가 아닐까 싶다.

그렇다면 일본에서는 어떤 암이 증가하고 있는지 자세히 살펴보도록 하자. 84쪽의 [도표 10]은 일본 내 4개 지역, 즉 미야기 현, 야마가타 현, 후쿠이 현, 나가사키 현의 데이터를 종합해 집계한 것이다. 이들 4개 지역에서 이뤄진 암 등록은 장기적으로 정밀도가 높고 안정적이어서 일본 전체를 대표할 수 있는 데이터로 확인되고 있다.

[도표 10]을 살펴보면 남성의 경우에 위암이 큰 폭으로 감소했지만 전립선암과 대장암, 구강암, 인두암이 증가하고 있다. 여성의 경우도 위암은 줄고 있으나 유방암과 자궁체암, 대장암의 증가가 눈에 띈다.

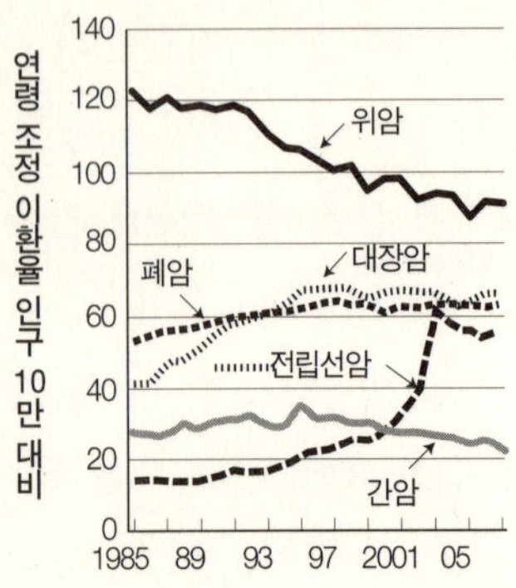

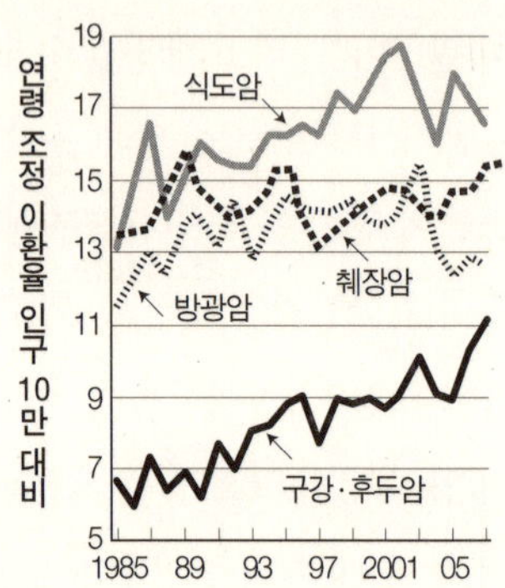

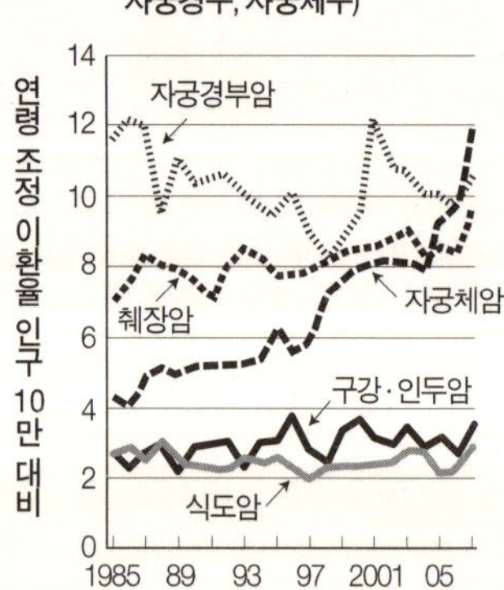

* 출처 : 일본 국립 암연구센터 암 대책 정보센터

※ 연령 조정 이환율은 4개 현(미야기 현, 야마가타 현, 후쿠이 현, 나가사키 현) 지역에 등록된 암 이환 데이터를 사용함.

일생에 암에 걸릴 확률은 일본인 남성의 경우 약 58%, 여성의 경우 약 43%로 추계되고 있다. 일본인 중에 암으로 사망하는 사람은 약 3분의 1이다. 암은 이제 더 이상 남의 일이 아니다.

위암은 줄고 있으나 남성의 경우에 대장암과 전립선암이, 여성의 경우에는 유방암과 자궁체암이 늘고 있다.

암 사망률은 지역에 따라 다르다

일본 각 지역의 암 사망률을 살펴보도록 하자.

아래[도표 11]은 일본 내 각 지역별로 75세 미만의 연령 조정 사망률을 비교한 것이다. 75세 미만을 대상으로 함으로써 고령에

[도표 11] 2012년 지역별 모든 암의 75세 미만 연령 조정 사망률(남녀 합계)

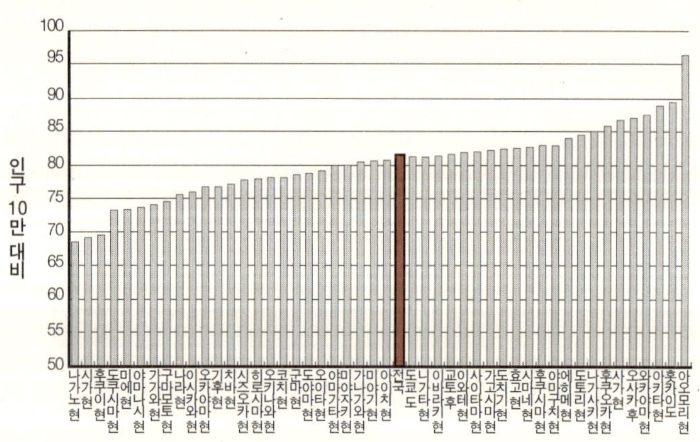

* 출처 : 일본 국립 암연구센터의 암 대책 정보센터

의한 암 사망률의 영향을 배제하고 성년기의 암 사망률을 살펴봤다.

[도표 11]을 보면 각 지역별로 상당한 차이가 존재한다. 그 원인에 대해서는 기후와 지역성, 식문화, 의료와 경제적 상황 등 다양한 요인이 복잡하게 얽혀 있기 때문에 단순하게 '암 발병률이 아오모리에 거주하는 사람은 높고, 나가노에 거주하는 사람은 낮다'고 말할 수 없다. 다만, 그러한 경향이 있다는 것을 염두에 두고 발병 위험이 높은 지역에 거주하는 사람은 예방에 힘쓰는 것이 좋을 것이다.

일본에서 암 사망률 1위 지역은 아오모리, 2위는 홋카이도가 차지했다. 반면에 암 사망률이 가장 낮은 지역은 나가노 현이다.

커피를 많이 마시면 간암 발병률이 낮다

84쪽의 [도표 10]에서 간암 이환율은 남성의 경우에 감소 경향을, 여성의 경우에는 보합 상태를 보였다. 하지만 우리가 간암을 조심해야 하는 가장 큰 이유는 다른 암에 비해서 간암에 걸리면 생존율이 낮기 때문이다.

일본에서는 간암 이환의 원인 중 90%가 C형 간염 또는 B형 간염 바이러스에 의한 감염이다. C형 간염이 80%, B형 간염이 10%, 기타 알코올성 간경화 등이 10%를 차지하고 있다.

커피의 암 예방 효과 중에서 가장 많이 인증된 것이 간암에 대한 예방 효과다. 일본에서 실시된 커피 섭취량과 간암에 관한 연구 중에 '다목적 코호트 연구' 라는 것이 있다. 이는 생활 습관과 암에 관련된, 즉 생활습관병과의 관계에 대해서 전국 각지에 거주하는 사람들을 장기간에 걸쳐서 조사한 대규모 역학 조사다.

커피와 간암의 다목적 코호트 연구 결과는 2005년에 처음으로 발표됐다. 책의 첫머리에서 언급했던 것처럼, 내가 커피에 흥미를 갖게 된 계기가 바로 이 연구 결과다.

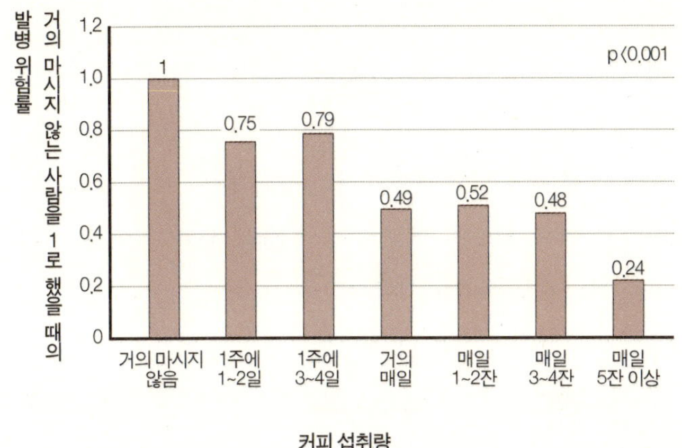

* 출처 : J Natl Cancer Inst. 2005 Feb 16;97(4):293-300

이 연구는 일본 내에 거주하는 40~69세의 남녀 약 9만 명을 2001년까지 7~9년 동안 추적한 결과를 분석했다. 조사를 시작할 때 조사 대상자의 커피 섭취량을 6개 그룹으로 나누어 그 결과를 비교한 것이 위의 [도표 12]다.

조사 대상자 중에서 조사 기간 중 간암에 걸린 사람은 334명 (남성이 250명, 여성이 84명)이었다. 음주와 흡연, 야채 섭취 등 간암 발병과 관련이 있는 인자의 영향은 배제했다.

조사 결과를 살펴보면, 커피를 거의 마시지 않은 사람에 비해서 커피를 마신 사람이 간암에 걸릴 위험이 낮은 것을 알 수 있다. 실제로 이 연구에서는 커피를 하루에 5잔 이상 마신 사람이 거의 마시지 않은 사람에 비해서 간암에 걸릴 확률이 4분의 1로 낮았다.

커피를 많이 마시는 사람의 간암 발병률이 낮다는 결과는 일본의 대규모 역학 조사인 미야기 코호트 연구와 3개의 현을 대상으로 실시한 코호트 연구를 분석한 결과에서도 확인되고 있다. 또한 2013년에 발표된 '커피 섭취와 간암'에 관한 세계 각국의 연구를 대상으로 한 메타 분석에서도 커피 섭취량이 많은 사람일수록 간암 발병 위험이 낮은 것으로 확인되었다.

이러한 연구 결과에 따르면 '커피를 마시면 마실수록 간암에 걸리기 어렵다'는 말은 확실한 것 같다.

일본을 비롯한 세계 각국의 역학 조사에 따르면, 커피 섭취가 간암 발병 위험을 낮추는 것으로 확인되었다.

간염 감염자의 간암 발병률과 커피

일본의 다목적 코호트 연구와 세계 각국에서 실시된 수많은 선행 연구를 통해서 커피를 자주 마시는 사람이 간암에 걸릴 위험이 낮은 경향을 보인다는 사실을 알 수 있다. 하지만 이러한 경향이 커피 섭취에 의한 것인지는 확실히 알 수 없다.

이미 간염 등의 간 질환을 앓고 있는 사람은 커피를 별로 마시지 않아서(또는 마시지 않아서) 커피를 마시면 마실수록 간암에 걸리지 않는 것처럼 보이는 것일지도 모른다. 그래서 다목적 코호트 연구는 별개의 연구로 40~69세의 성인 남녀 약 2만 명을 대상으로 간염 바이러스 감염자를 파악한 후 13년간 추적 조사를 실시했다. 그 결과, 조사 기간 중 간암에 걸린 사람은 110명(남성이 73명, 여성이 37명)이었다. 이 연구에서는 간암의 최대 원인인 바이러스 감염 유무도 분석했다.

92쪽의 [도표 13]은 커피 섭취량과 남성의 C형·B형 간염 감염자의 간암 발병률을 살펴본 것이다. 이 연구 결과 역시 바이러스성 간염 감염자에서도 커피를 마신 사람의 간암 발병률이 낮은

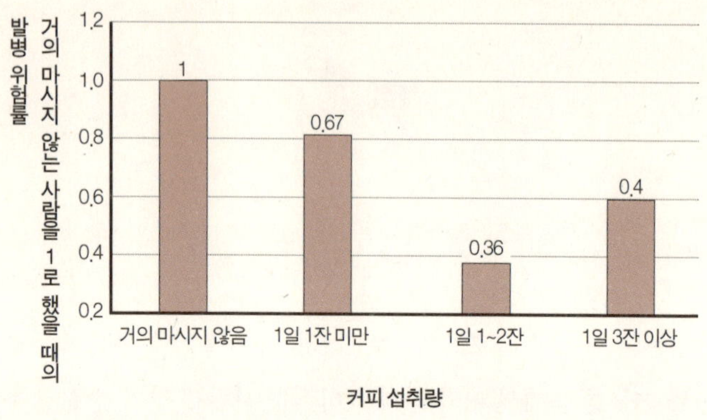

* 출처 : Cancer Epidemiol Biomarkers Prev. 2009 Jun;18(6):1746-53

것을 알 수 있었다. 남성의 C형 간염 감염자만 보더라도 간암 발병자는 커피를 마신 사람의 경우에서 발병률의 저하를 볼 수 있었다.

바이러스성 간염 감염자가 여성인 경우, C형 간염 감염자들 중 커피를 거의 마시지 않는 사람보다 하루에 1잔 미만을 마신 사람에게서 간암 발병이 낮은 경향을 볼 수 있었다.

또한 그 밖에 일본의 대규모 역학 연구 중 하나인 JACC 연구도 커피를 마시는 C형 간염 감염자의 경우에 간암으로 인한 사망 위험이 낮다는 결과를 내놓았다.

이처럼 간염에 감염된 경우에도 커피를 마시는 습관이 있는 사람은 간암 발병률이 낮다는 것을 알 수 있는데, 그렇다면 현재 간염 바이러스에 감염된 사람이 커피를 마시면 간암을 예방할 수 있는 것일까?

C형 간염 바이러스 감염자를 대상으로 한 조사에서는 커피를 마시는 습관을 가진 환자의 경우가 커피를 마시지 않는 환자에 비해서 간 질환의 진행 속도가 늦는 것으로 보고했다. 또한 커피가 간경화 예방에 효과가 있다는 보고도 다수 찾아볼 수 있다.

최근 일본에서 실시된 연구에서는 커피를 섭취함으로써 C형 간염 감염자의 간 기능이 개선되었다는 결과를 보고했다. 이러한 연구를 종합해 보면, 간염 바이러스 감염자가 커피를 마시면 간암을 예방할 수 있을 가능성이 충분히 있는 것으로 생각된다. 따라서 간염 바이러스 감염자라면 적어도 하루에 커피 1잔을 마시는 것이 좋겠다.

그런데 커피 외에 폴리페놀이 풍부한 녹차는 간암 발병과 어떤 관련이 있을까?

일본의 다목적 코호트 연구에서는 녹차 섭취와 간암 발병의 관계에 대해서도 조사했는데, 간암 발병과 녹차 섭취 사이에는 아무런 관련이 없는 것으로 확인되었다. 또한 C형 간염 바이러스 감염자의 간 질환 진행도를 비교한 연구에서도 녹차는 어떠한 영향도 미치지 않는 것으로 확인되었다.

이처럼 간암 발병률이나 C형 간염 바이러스 감염자의 질환 진행에는 카페인이 아니라, 커피에 포함된 클로로겐산 등의 성분이 관여하는 것으로 보인다.

하루 1잔 이상의 커피를 마시는 습관이 있는 간염 감염자는 간암 발병률과 진행 속도가 낮은 것으로 확인되었다.

커피와 전립선암은 관계가 있을까?

최근 일본인 남성들에게서 전립선암 이환율이 급상승하고 있다. 그렇다면, 커피와 전립선암은 어떤 관련이 있을까? 일단 커피를 마시는 사람은 전립선암 발병 위험이 낮다는 연구 결과가 우세하다.

2013년에 진행된 일본 오사키 국민건강보험 코호트 연구 결과에 의하면, 커피 섭취가 많은 사람이 전립선암 발병률이 낮은 것으로 확인되었다. 이 연구는 미야기 현 오사키 보건소 관할 지역에 거주하는 40~79세의 국민건강보험 가입자 남성 약 2만 명을 11년간 추적 조사한 것이다. 추적 기간 중에 전립선암에 걸린 사람은 318명이었다. 흡연이나 BMI 등 암 이환율과 관련된 인자의 영향을 배제하고 커피 섭취량과 전립선암의 발생률을 분석했다.

조사 결과, 커피를 많이 마시는 사람일수록 전립선암 발병 위험이 낮은 것으로 나타났다. 커피를 하루에 3잔 이상을 마신 경우에는 무려 40%나 감소한 것으로 확인되었다. 또한 이러한 경향은 특히 60세 이상의 연령대에서 현저하게 나타난다는 사실도 함께 보고됐다.

커피를 마신 경우에 전립선암 발병이 낮은 이유로는 커피의 항산화 작용이나 항염증 작용 때문인 것으로 추측되고 있다. 또한 전립선암 환자의 혈장 아디포넥틴 농도가 건강한 사람에 비해서 낮다는 보고도 있어서 커피 효과에 의한 아디포넥틴adiponectin*의 증가가 전립선암 예방에 도움이 되는 것으로 추측되고 있다.

그런데 전립선암 발병 위험을 높이는 요인으로 우유나 유제품의 섭취, 칼슘 섭취가 크게 관여하는 것으로 여겨지고 있다. 다목적 코호트 연구에서도 유제품을 잘 먹는 사람일수록 전립선암 발병률이 높다는 결과를 얻었다.

오사키 국민건강보험 코호트 연구에서는 커피에 우유나 크림을 넣는 사람, 넣지 않는 사람의 전립선암 발생률을 살펴봤다. 오른쪽 [도표 14]는 커피에 우유나 크림을 넣지 않는 사람의 커피 섭취량과 전립선암 발병률의 관계를 나타낸 것이다. 조사 결과, 커피에 유제품을 넣지 않는 사람일수록 전립선암 발병률이 낮다는 것을 확인할 수 있다.

이에 반해 커피에 유제품을 넣는 경우 전립선암 발병 위험이 약간 감소하는 경향을 나타냈으나, 통계적으로 유의미한 차이는

---

* 지방 세포에서 분비되는 단백질의 일종. 인슐린 저항성을 발생시키는데 결정적 요소로 작용한다. 그래서 비만과 당뇨병을 치료할 수 있는 물질로 생각되고 있다. 또 동맥 경화를 막는 기능도 가지고 있음이 밝혀졌다(출처 : 과학용어사전).

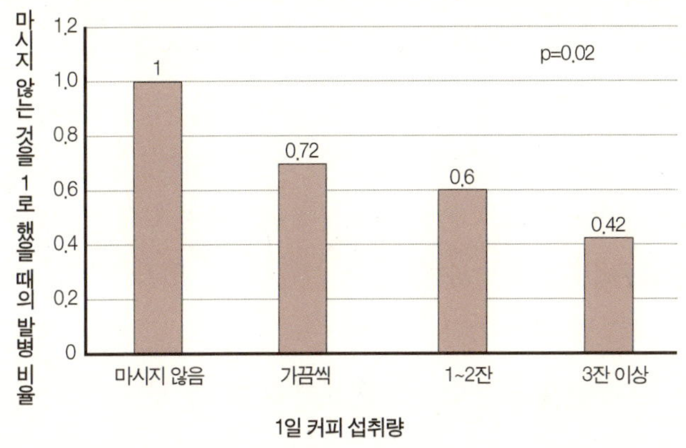

* 출처 : British Journal of Cancer (2013) 108, 2381-2389

볼 수 없었다. 또한 이 연구는 녹차나 홍차, 우롱차의 섭취량과 전립선암 발병률의 관계에 대해서도 조사했는데, 전립선암과는 관련이 없었다.

유제품에는 칼슘이나 포화지방산이 포함되어 있는데, 아마도 이런 성분이 전립선암 발병 위험 요인이 되는 것 아닌가 하는 추측이 나오고 있다. 그래서 다목적 코호트 연구에서는 칼슘 섭취량과 포화지방산 섭취량이 전립선암 발병률에 어떤 영향을 미치는가에 관해서도 검토했다.

그 결과, 칼슘 섭취량과 전립선암 발병 사이에는 약간의 연관성이 나타나기는 했지만 영향을 미칠 만한 연관성은 찾아볼 수 없었다. 이는 일본인의 칼슘 섭취량이 적기 때문인 것으로 생각된다.

　포화지방산의 경우는 미리스틴산과 파밀산의 섭취량이 관련 있는 것으로 나타났다. 미리스틴산과 파밀산은 유제품에 다량으로 포함된 지방산이다. 그래서 커피에 넣는 우유로 저지방이나 무지방유를 사용하면 전립선암 발병 위험이 낮아질 것으로 생각되지만, 다수의 선행 연구를 살펴보면 오히려 전지방유에 비해 전립선암 발병 위험을 높인다는 보고가 있다.

　독자들 중에 누군가는 이러한 결과를 보고 '내일부터 유제품은 먹지 말아야지!'라고 생각할 것이다. 하지만 유제품에는 골다공증이나 고혈압, 대장암 등을 예방하는 효과가 있다. 위의 연구 결과만 보고 유제품을 덜 먹는 것이 좋겠다고 생각하는 것은 성급한 판단이다. 어떤 위험을 낮추려고 위험 하나를 제거하면 다른 위험이 높아지는 일이 종종 있다. 따라서 항상 주의해야 한다.

　전립선암은 토마토에 포함된 리코핀이나 대두를 섭취하면 발병 위험이 낮아진다는 보고가 있다. 커피에 우유를 넣고 싶은 사람은 우선 야채나 대두 제품을 충분히 섭취하는 것이 중요하다. 그럼에도 불구하고 신경이 쓰이는 사람은 우유 대신 두유를 선택하면 좋을 것 같다.

> 우유나 크림을 넣지 않은 커피를 하루에 3잔 마시면 전립선암 발병 위험을 40%나 낮출 수 있다.

하루 커피 1잔이 자궁체암 위험을 낮춘다

일본에서는 자궁체암이 급증하고 있다. 2013년, 세계 암 연구 기금에서는 '커피가 자궁체암 발병 위험을 낮춰 주는 것으로 본다'는 보고서를 발표했다(표 1을 참고).

세계 암 연구기금은 영국에 본부를 둔 비영리 단체로서 암 예방 연구 지원을 목적으로 설립됐다. 또한 미국 암 연구기관과 공동으로 세계 각지의 우수한 연구자들을 불러 모아 위원회를 구성해 활동한다. 그리고 암과 식사, 영양, 운동에 관한 방대한 연구를 분석하여 암 예방을 위한 지침을 발표한다.

이 때문에 세계 암 연구기금에서 발표한 보고서는 가장 신뢰도가 높은 지침으로 세계 암 예방의 기본이 되고 있다. 그런 점에서 이번 보고서가 커피를 자궁체암 발병 위험 감소 식품으로 분류한 것은 상당히 신뢰할 만하고, 향후 세계 각국의 지침이 될 것이라는 의미로 해석할 수 있다.

'낮춰 줄 수 있을 것'이라는 연구 결과에 대해 미흡하다고 생각하는 사람도 있을 것이다. 하지만 일반적으로 연구자들은 웬

	발병 위험 감소	발병 위험 증가
확실		체지방
추정	신체 활동, 커피	고 GL(혈당 부하지수) 식사

* 출처 : 세계 암 연구기금 2013년 보고서

만한 것이 아니면 확실하다는 판단을 하지 않기 때문에 '낮춰 줄 수 있을 것' 이라는 결론에는 커피의 효과가 인정됐다고 봐야 한다. 이번 보고서에서 분석한 연구에는 일본에서 실시된 연구 결과도 포함되어 있다.

자궁체암 발병 위험을 낮추는 음식이 야채나 과일, 콩이 아닌 (물론 이 음식들을 먹고 건강 상태를 좋게 유지하는 것은 매우 중요한 일이지만) 커피라는 사실이 놀랍지 않은가?

커피가 자궁체암 발병 위험을 낮추는 근거는 다음과 같은 메커니즘에 의한 것으로 보인다.

- 커피에 포함된 클로로겐산이 강한 항산화력을 가지고 있어서 이것이 산화 스트레스에 의한 DNA 손상을 방지하기 때문이다.
- 클로로겐산이 인슐린의 감수성을 개선하고 장의 당 흡수를 방해하기 때문이다.
- 자궁체암 발병 위험이 되는 저低 아디포넥틴을 커피가 개선하기 때문이다.

자궁체암은 커피 섭취량이 많은 사람일수록 발병률이 낮은 경향이 있는데, 하루에 1잔부터 예방 효과가 있다고 한다. 특히 폐경 후의 여성에게서 커피 섭취에 의한 발병 위험이 낮아지는 경향이 나타났다.

자궁체암 발병 위험을 높이는 것은 비만과 고高 GL(혈당 부하지수) 식품이다. 반면에 발병 위험을 낮추는 것은 커피와 운동이다.

유전자 변이에 의한 유방암과 커피 효과

현재 일본 여성들 사이에서 가장 많이 증가하고 있는 암은 유방암이다. 유방암이 증가하는 원인들 중 하나로 '식문화의 서구화'가 거론되고 있는데, 세계 암 연구기금이 발표한 유방암 발병 위험은 오른쪽의 [표 2]와 같다.

[표 2]의 자료를 보면, 폐경 전이든 폐경 후든 음주가 유방암 발병 위험을 높이는 요인이라는 점, 그리고 폐경 후에는 비만이 위험 요인이라는 것을 알 수 있다. 유방암의 원인은 식문화의 서구화보다 육류나 유제품 등의 동물성 식품을 자주 섭취하기 때문이라고 보는 정보를 자주 접하게 된다. 일본에서 유방암이 급증하게 된 주된 원인으로는 여성의 알코올 소비가 현저하게 증가한 점, 수유하는 사람이 줄었다는 점, 운동량이 줄었다는 점 등을 들 수 있다. 다목적 코호트 연구에서도 음주량이 많을수록 유방암 발병 위험이 높다는 점이 확인되었다.

술이 유방암을 일으키는 원인으로는 음주에 의한 엽산 부족이

폐경 전

	발병 위험 감소	발병 위험 증가
확실	수유	음주
가능성 높음	체지방	큰 키, 출생 시의 과체중

폐경 후

	발병 위험 감소	발병 위험 증가
확실	수유	음주, 체지방, 큰 키
가능성 높음	신체 활동량	복부 지방, 성장 후의 체중 증가

* 출처 : 세계 암 염구기금 2011년 보고서

지적되고 있다. 따라서 음주를 즐기는 사람은 엽산이 다량 함유된 녹색 야채나 콩류, 해초류를 충분히 먹도록 노력하자.

그렇다면 커피는 유방암과 어떤 관련이 있을까? 2013년에 발표된 37개의 선행 연구 논문을 메타 분석한 연구에서 폐경 후의 여성이 커피를 마신 경우에는 유방암 발병 위험이 5% 정도 낮은 것으로 나타났다.

또한 BRCA1 유전자 변이를 가진 사람은 커피 섭취량과 유방암 발병 위험 사이에 강한 역상관관계를 보였고, 커피를 마신 사람은 30% 정도 발병 위험이 낮았다.

미국의 할리우드 스타인 '안젤리나 졸리'가 BRCA1 유전자 변이를 이유로 예방 차원에서 유방 절제술을 받은 것은 세계적으로도 큰 화제가 됐다. 어쩌면 BRCA1 유전자 변이 진단을 받은 사람은 커피를 마시면 유방암 발병 위험을 낮출 수 있을 것으로 생각된다.

커피 섭취는 폐경 후의 여성과 BRCA1 유전자 변이를 가진 여성에게서 유방암 발병 위험 감소 효과를 보였다.

커피와 대장암의 연관성은?

2012년, 미국 국립위생연구소가 실시한 대규모 역학 조사에서 커피 섭취가 남녀 모두에게서 대장암 발병 위험을 낮춘다는 결과를 발표해 큰 주목을 받았다.

이 조사는 대상자 45만여 명을 10년간 추적했는데, 그중에서 6,946명이 대장암에 걸렸다. 또한 이 조사는 대장암에 걸린 사람들을 카페인 함유 커피 섭취량과 디카페인 커피 섭취량을 합친 모든 커피 섭취량으로 분석했다. 조사 결과, 커피 섭취량이 많은 사람일수록 대장암 발병률이 낮은 것으로 나타났다.

신체 부위별로는 커피 섭취량과 결장암, 근위결장암 사이에 상당한 발병 위험 저하가 인증됐다. 또한 원위결장과 직장은 모든 커피, 카페인 함유 커피와 특별한 관계가 없었다. 하지만 직장에서는 디카페인 커피가 직장암 발병 위험을 낮추는 것으로 나타났다.

이 연구는 차 음료 섭취량도 조사했는데, 대장암 발병과 차 음료 사이에는 연관성을 찾아볼 수 없었다.

[표 3] 세계 암 연구기금에서 발표한 대장암 발병 위험

	발병 위험 감소	발병 위험 증가
확실	신체 활동량, 식품에 포함된 식이섬유	육류(소고기, 돼지고기, 양고기), 가공육(훈연, 소금 절임, 화학적 방부제), 음주(남성), 체지방 복부지방, 큰 키
가능성 높음	마늘, 우유, 칼슘	음주(여성)

* 출처 : 세계 암 염구기금 2011년 보고서

    일본에서 실시된 커피와 암에 관한 연구로 다목적 코호트 연구나 미야기 코호트 연구가 있는데, 이들 연구에서는 남성의 경우 커피 섭취와 대장암 사이에 연관성을 찾을 수 없었다.

    하지만 여성의 경우는 다목적 코호트 연구에서 커피 섭취량이 많으면 대장암 발병 위험이 약간 감소하는 경향을 보였다. 특히 침윤결장암은 커피를 마신 사람일수록 발병 위험이 낮고, 커피를 하루에 3잔 이상 섭취한 사람은 그렇지 않은 사람에 비해서 발병 위험이 60% 정도 낮았다.

    다목적 코호트 연구는 녹차와의 연관성도 조사했는데, 녹차와 대장암 사이에서 연관성을 찾아볼 수 없었다.

    미야기 코호트 연구는 커피를 마신 여성의 경우 대장암 사망 위험이 낮다는 결과를 얻었다([도표 15] 참고).

    미국 국립위생연구소 연구에서는 남성에게서 대장암 발병 위험 저하가 나타났으나, 세계 각국의 연구에서는 여성에게서 커

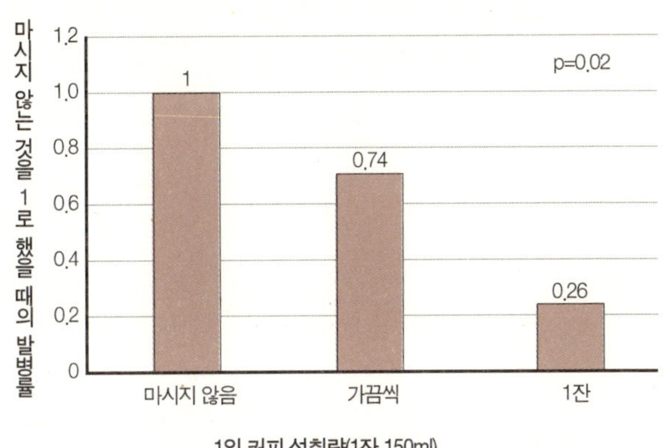

* 출처 : J Nutr, 2010 May;140(5):1007-13

피 섭취에 의한 대장암 발병 위험 감소 경향이 나타났다.

커피가 대장암을 예방하는 메커니즘은 장 내의 담즙산 억제, 카페인이나 클로로겐산에 의한 항산화 효과, 장운동 촉진, 대장암 발병 위험이 되는 고인슐린혈증이나 당뇨병 발병 위험 감소 등이 이유인 것으로 추측되고 있다.

커피 섭취와 대장암에 관한 연구는 커피 섭취로 발병 위험이 낮아지는 경향을 볼 수 있었으나, 아직 그 수가 적어서 더 많은 연구가 이루어지길 기대하고 있다.

다수의 연구에 의해 커피 섭취가 대장암 발병 위험을 낮추는 것으로 확인되었다.

커피와 구강암, 인두암, 식도암의 연관성은?

구강암, 인두암, 식도암은 40대 후반부터 증가하는 암으로, 여성에 비해 남성의 발병 빈도가 높다. 그중에서도 최근에 구강암과 인두암은 남성들 사이에서 이환율이 증가하고 있는 암이다. 실제로 일본의 유명한 가수가 인두암으로 안타깝게 세상을 떠나기도 했다.

구강암과 인두암의 원인은 흡연이나 음주, 뜨거운 음료 등인 것으로 파악되고 있다. 또한 식도암은 흡연과 음주, 뜨거운 음료 외에 비만이 주요 발병 위험이다.

국내외 다수 연구에 의해 '커피 섭취는 구강암과 인두암, 식도암의 발병 위험을 낮춘다'는 사실이 보고되고 있다. 그중에서 2013년에 발표된 미국 암협회가 실시한 최대 규모의 역학 연구 결과를 살펴보도록 하자. 이 연구는 1982년부터 2008년에 걸쳐 97만여 명을 조사한 것이다(도표 16 참고).

추적 기간 중에 구강암과 인두암으로 사망한 사람은 868명이었다. 커피 섭취와의 연관성을 조사한 결과, 커피를 마시지 않는

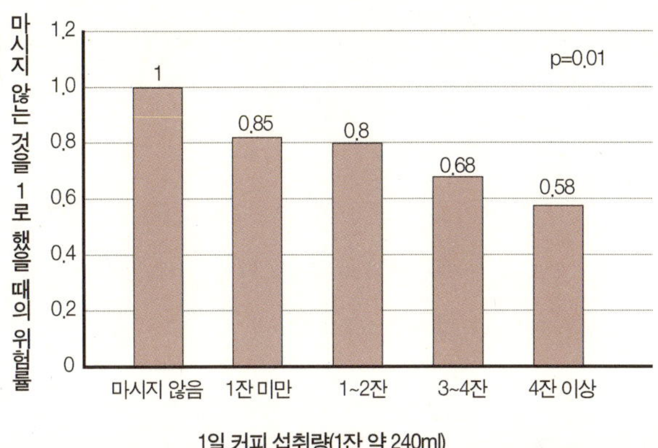

* 출처 : Am J Epidemiol. 2003 Jan 1;177(1):50-8

사람에 비해서 카페인 함유 커피를 마신 사람, 특히 커피를 많이 마신 사람일수록 구강암과 인두암으로 인한 사망률이 낮은 것으로 밝혀졌다.

이 연구에서는 하루에 4잔 이상의 카페인 함유 커피를 마신 사람이 그렇지 않은 사람에 비해서 40% 정도 사망률이 낮았다([도표 16] 참고).

구강암과 인두암의 최대 발병 위험인 흡연과 음주를 하는 사람도 커피를 마시는 경우에 사망 위험이 낮았다.

이 연구는 디카페인 커피를 마신 사람도 함께 살펴봤는데, 이 역시 4잔 이상 마신 사람의 경우에 구강암과 인두암으로 인한 사망률이 가장 낮았다.

이처럼 카페인 이외의 커피에 포함된 성분에도 구강암과 인두암의 발병 위험을 낮추는 작용이 있는 것으로 보인다.

일본의 마야기 코호트 역학 연구에서도 하루에 1잔 이상의 커피를 마신 사람의 경우에 구강암과 인두암, 식도암의 발병 위험이 낮은 것으로 확인되었다. 또한 흡연과 음주로 인해 구강암과 인두암, 식도암의 이환 위험이 높은 사람들에게서도 발병 위험이 낮아지는 것으로 확인되었다.

> 하루에 1잔 이상의 커피를 마시면 구강암과 인두암, 식도암의 발병 위험이 낮아지는 것으로 확인되었다,

커피는 위암의 원인이 아니다

'커피를 마시면 위암에 걸린다'는 속설이 있는데, 과연 사실일까?

일본 내 각 지역 주민 11만 명을 대상으로 실시한 JACC 연구는 커피를 마시는 습관이 있는 남성의 경우 위암 사망 위험이 낮다는 보고를 내놨다. 특히 하루에 커피 2잔을 마시는 사람의 사망 위험이 가장 낮았다. 다만, 이 조사에서 여성의 경우는 커피 섭취와 위암 사이에 특별한 관계를 찾아볼 수 없었다.

2012년, 핀란드에서 6만 명을 대상으로 실시한 대규모 연구에서는 커피 섭취량과 위암 사이에 (통계적으로 유의미한 수치는 아니지만) 남성의 경우 다소 감소하는 경향을 보였다. 하지만 여성의 경우는 연관성을 찾아볼 수 없었다. 참고로 핀란드는 세계에서 커피를 가장 많이 소비하는 국가로, 일본의 약 3배에 달하는 커피가 소비되고 있다.

그렇다면, 녹차와 위암의 관계는 어떨까?

2012년에 일본 국립 암연구센터가 12건의 선행 연구 논문을 분석한 결과, 일본인 남성에게서는 녹차와 위암 발병 위험 사이에 연관성을 찾아볼 수 없었다. 하지만 여성의 경우는 일부 연구에서 위암 발병 위험이 낮은 경향을 보였으며, 녹차 섭취는 여성의 위암 발병 위험을 줄일 가능성이 있다고 결론지었다.

연구 결과를 보는 한, 적어도 커피가 '위암의 원인은 아닌 것'으로 판단된다.

커피는 남성의 위암 발병 위험을 낮추는 경향이 있는 것으로 확인되었다.

커피와 그 밖의 암과는 어떤 연관이 있을까?

커피와 폐암

폐암은 일본인의 암 사망률 중에서 가장 높은 암이다. 폐암은 남성의 암 사망 원인 1위, 여성은 2위다. 폐암을 일으키는 가장 큰 요인은 흡연과 대기오염이다. 폐암 발병 위험을 낮추는 방법으로는 야채와 과일 섭취를 추천한다.

그렇다면, 커피는 폐암과 어떤 관련이 있을까? 이에 대해서는 아직까지 밝혀진 바가 많지 않다. 일본의 대규모 역학 연구를 통해서 예방 효과에 대한 뉴스가 보고되기를 기대하고 있다.

커피와 췌장암

췌장암은 일본인의 암 사망 원인 5위다. 생존율이 낮은 암이기 때문에 이환되면 젊은 나이에도 사망하는 경우가 많다. 세계적인 IT 기업 '애플'을 창업한 스티브 잡스도 췌장암으로 사망했다.

커피와 췌장암의 관계는 다목적 코호트 연구에서 남성의 경우에 커피를 많이 마시는 사람이 췌장암 발병 위험이 낮다는 결과를 얻었다. 하지만 여성의 경우는 연관성을 찾아볼 수 없었다. 다른 연구의 결과를 살펴봐도 일관성이 없어서 현재로서는 커피와 췌장암 사이에 특별한 연관성이 없는 것으로 보고 있다.

커피와 방광암

방광암을 일으키는 가장 큰 위험 요소는 흡연이다. 또한 카페인이 방광암 발병에 관련이 있는 것으로 의심되고 있다. 그래서 커피는 방광암의 위험 요인으로 여겨지고 있다.

일본의 다목적 코호트 연구에서는 커피를 마신 비흡연자의 경우 방광암 발병 위험이 높아진다는 결과를 얻었다. 또한 이 연구는 카페인의 총 섭취량과의 연관성도 살펴봤는데, 결과는 커피보다 카페인 섭취량 자체가 비흡연자의 방광암 발병 위험을 높이는 것으로 밝혀졌다.

비흡연자에게서 방광암 발병 위험이 높은 이유로 흡연자는 카페인 소실消失이 빠르고, 비흡연자는 소변으로 배출되는 카페인의 양이 많기 때문인 것으로 추측되고 있다.

이처럼 결과만 보면 흡연자는 커피를 마시는 편이 좋은 것처럼 생각될 수도 있다. 하지만 원래부터 비흡연자는 방광암이 발병할 확률이 낮고, 방광암에 걸리는 사람은 압도적으로 흡연자가 많다. 따라서 방광암 발병 위험을 낮추기 위해서, 그리고 다른 암이나 질병의 위험을 낮추기 위해서 금연보다 중요한 일은 없다.

그 밖에 커피와 방광암의 관계를 살펴본 몇 건의 연구에서는 커피 섭취가 발병 위험을 낮춘다는 결과를 얻기도 했지만, 커피 섭취 자체가 방광암 발병 위험을 높인다거나 낮춘다고 확언할 수 없는 것이 현실이다. 신경이 쓰이는 사람은 디카페인 커피를 마시는 편이 좋을 것이다.

커피와 폐암, 췌장암과의 관계는 불명확하다. 하지만 방광암은 카페인 섭취로 인해 발병 위험이 상승한다.

음료 100ml당 폴리페놀 함유량(mg)

커피	200
홍차	96
녹차	115
보리차	9
우롱차	39
과일 주스	34
토마토 주스	69
코코아	62
두유	36

* 출처 : J Agric Food Chem. 57(4):1253-9, 2009

폴리페놀이 풍부한 식사를 하는 비결

모든 질병의 발병 위험을 높이는 산화 스트레스로부터 우리 몸을 지키기 위해서는 폴리페놀이 풍부한 식품을 섭취하도록 권장하고 있다. 최근에는 폴리페놀이 다량 함유된 식사를 하는 사람이 심장병이나 뇌졸중 위험, 사망률이 낮은 것으로 보고되고 있다. 하루에 어느 정도를 섭취하면 좋은지에 대한 가이드라인은 아직 없지만, 대략 1,000~1,500mg 정도를 기준치로 생각하면 좋을 것이다.

위의 표는 오차노미즈お茶の水 여자대학에서 연구 발표한 음료와 식품에 포함된 폴리페놀의 양을 나타낸 것이다. 오차노미즈 여자대학 연구팀은 일본인의 식생활에서 커피가 1일 폴리페놀 섭취량에 크게 기여하고 있다고 보고했다. 폴리페놀이 풍부한 식사를 위해서라도 커피는 식탁에서 빠져서는 안 되는 필수 음료라고 하겠다.

효과 만점,
커피 다이어트

다이어트 성공의 진리는 오직 하나 뿐!

텔레비전이나 잡지의 기획물에서 'ㅇㅇ가 효과 만점!', 'ㅇㅇ 다이어트' 등 특정 식품을 거론한 건강법이나 다이어트 방법을 자주 접하게 된다. 이런저런 이름의 건강법이 우후죽순처럼 쏟아지는 이유는 광고 문구가 과격할수록 소비자들의 눈길을 사로잡을 수 있기 때문이다.

'골고루 잘 먹어야 건강하다!'는 평범한 문구로는 웬만큼 알려진 유명인이 추천하지 않는 한 주목을 받지 못한다. 또한 소비자들도 그런 사실을 알고 있지만, 빠르면서도 손쉽게 결과를 얻을 수 있는 방법을 찾으려 하다 보니 과격한 문구에 흥미를 보인다.

특정 식품만을 섭취하는 편식 다이어트나 식사 대신에 다이어트 음료를 마시는 방법은 균형 잡힌 식사가 아니기 때문에 권장하기 어렵다.

영양소는 단독으로 작용하는 것이 아니다. 서로 어우러져, 즉 '팀플레이'를 통해서 그 힘을 발휘한다. 다양한 종류의 음식을 섭취하는 것은 불균형적인 영양 섭취를 방지한다는 의미에서, 그리고 식품의 독성 위험을 분산시킨다는 의미에서도 매우 중요하다.

다이어트의 진리는 오직 하나 뿐이다. '먹는 양을 줄이고, 활동량을 늘리는' 방법밖에 없다. 그래서 당질*과 지질의 비율을 바꾸거나 혈당치 상승을 고려해서 어떻게든 손쉽게 살을 뺄 수 있도록 약간의 변화를 준 형태로 다양한 다이어트 방법이 소개되고 있다. 그런데 실제로 이런 다양한 다이어트 방법을 분류해 보면 패턴은 다음과 같은 세 가지뿐이다.

① 당질을 제한한다.
② 지방질을 제한한다.
③ 칼로리를 제한한다.

또한 ①의 당질 또는 ②의 지방질을 제한하는 방법도 따지고 보면 하루에 섭취하는 에너지의 양이 줄어들기 때문에, 결국은 몸에 들어가는 에너지원을 줄이고 그만큼 체지방을 사용하는 것이 감량의 기본 원칙이다.

*당질은 탄수화물 함량에서 식이섬유 함량을 뺀 것을 가리킨다. 당질은 에너지원이 되기도 하고 혈당치를 상승시키기도 한다. 반면에 식이섬유는 에너지원이 되지 않고 혈당치를 낮추는 작용이 있으며, 당질과는 다른 성질을 가지고 있다. 다이어트를 할 때 줄여야 할 것은 당질, 먹어야 할 것은 식이섬유다. 따라서 이 책에서는 탄수화물이 아니라 '당질'로 표기한다.

그린 스무디, 수프, 우무, 버섯, 원시인 식단 등 다양한 형태로 소개되는 다이어트 방법도 겉으로 보기에는 모두 다른 것 같지만, 결국은 위의 세 가지 패턴 중 하나에 해당된다. 따라서 다이어트에서 중요한 것은 몸에 필요한 영양소를 충분히 섭취하면서 에너지원을 줄이는 것이다. 몸에 필요한 영양소를 섭취하지 않는 편식 다이어트를 하게 되면 지방만이 아니라, 우리 몸에 중요한 근육이나 뼈, 신체 조직도 약하게 된다.

유감스럽게도 단기간에 살이 빠지는 마법 같은 다이어트 방법은 존재하지 않는다. '단시간에 손쉽게 살을 뺄 수 있다'는 광고 문구를 내세우는 다이어트 방법은 경계해야 한다.

다이어트에 지름길은 없다. 그럴싸한 광고 문구에는 주의가 필요하다.

국제적으로 인정받은 다이어트 방법은?

최근 들어 단백질, 지방질, 당질의 구성비에 관심을 두고 이들 세 가지를 어떤 비율로 구성하여 식단을 짜면 장기적으로 안전하게 살을 뺄 수 있는가에 관한 연구가 진행되고 있다. 이들 연구에서는 주로 저지방식, 저당질식, 초저당질식, 고단백질식, 저低GI식, 지중해식을 비교하고 있다.

저지방식 _ 우리가 평소에 생각하는 기름을 제외한 다이어트와 다르다. 일본에서 이상적인 식사법으로 권장되고 있는 PFC 밸런스(에너지에 대한 비율이 단백질이 10~20, 지방질이 20~30, 탄수화물이 50~60)에 가까운 식사법이다. 저지방식은 세계 각국의 당뇨병, 심장병 관련 협회가 권장하는 식사법의 기본이 되고 있다.

저당질식 _ 단백질 20, 지방질 30~40, 탄수화물 30~40 정도로 구성된 당질 제한식이다.

초저당질식 _ 단백질 30, 지방질 60, 탄수화물 10 정도로 구성된 당질 제한식이다.

고단백질식 _ 단백질 25~30, 지방질 30, 탄수화물 40~45 정도로 구성된 식사법이다.

저GI식 _ GI 수치 상승 억제 식품을 중심으로 단백질 20, 지방질 30~40, 탄수화물 40~50 정도로 구성된 식사법이다.

지중해식 _ 지중해 지방의 식사 방법을 모델로 구성된 식사법이다. 정제하지 않은 곡물, 올리브오일 등을 섭취하는 것이 특징이다. 단백질 20, 지방질 30, 탄수화물 50 정도로 구성된 식사법이다.

연구에서는 일정 기간 동안 대상자들에게 위의 식사법에 따라 식사하도록 했고, 체중 변화나 혈압, 콜레스테롤 수치, 중성지방 수치, 인슐린 감수성, 호르몬 수치 등의 검사 결과를 비교 검토했다.

당질 제한식은 오랫동안 안전성에 대한 의문이 제기되어 왔다. 실제로 일본의 의학계 및 영양학계에서는 권장하지 않는 식사법이며, 당질 제한식에 대한 염려와 비판의 목소리가 존재한다.

하지만 당질 제한식에 관한 연구는 지난 20년 동안 다양한 자료가 축적됐고, 최근 들어 그 안정성을 인정받았다. 축적된 연구에 따르면 당질 제한식은 지금까지 권장됐던 저지방식과 비슷한 수준의 다이어트 효과와 함께 각종 검사 수치에서 개선 효과가 나타났다.

또한 저지방식보다 더 높은 감량 효과나 혈액 검사 수치의 개
선 효과를 보고한 연구도 적지 않다. 그래서 다이어트 방법의 하
나로 당질 제한식을 받아들여야 한다는 국제적인 움직임이 일어
나고 있다.

2013년에는 영국의 당뇨병 전문가 그룹이 저지방식 이외의 어
떤 식사법이 다이어트에 효과적인지에 관해 선행 연구를 광범위
하게 분석한 결과를 보고했다. 이 연구에서는 당질 제한식, 채식
주의식, 저GI식, 지중해식, 고단백질식, 고당질식, 고식이섬유식
을 살펴봤다.

체중 감량 _ 지중해식이 다른 식사법에 비해서 가장 효과적이다.

혈당치 조절 _ 당질 제한식, 저GI식, 지중해식, 고단백질식에서
개선 효과를 보였다. 그중에서도 지중해식이 가장 높은 혈당치
개선 효과를 보였다.

혈중 지방질 _ 당질 제한식, 저GI식, 지중해식에서 HDL 콜레스
테롤(일반적으로 좋은 콜레스테롤이라 불림) 수치가 상승했다. 또
한 지중해식은 중성 지방의 수치가 낮아졌다.

이 연구의 결과에서도 당질 제한식, 저GI식, 지중해식, 고단백
질식은 저지방식과 함께 몇 가지 측면에서 효과적인 다이어트
방법이라는 것을 알 수 있다. (다만, 고단백질식에 대해서는 자료가
적기 때문에 향후 면밀히 지켜봐야 한다.)

그리고 이들 네 가지 식사법은 내용이 약간씩 다르지만 모두 당질을 저지방식보다 제한한 식사법이다.

당질 제한의 안전성에 의문이 제기된 이유는 육류나 동물성 지방을 과식한다는 이미지 때문이 아닐까 생각된다. 아마도 이 것이 가장 큰 이유일 것이다. 왜냐하면 당질 제한식을 반대하는 대부분의 전문가들이 동물성 지방의 과식으로 발생하는 동맥경 화나 뇌혈관 질환, 심질환의 위험에 대해서 걱정하기 때문이다.

하지만 최근에 권장되고 있는 당질 제한식은 콩류의 식물성 단백질을 중심으로 동물성 지방을 많이 섭취하지 않도록 배려한 식사법이다. 이 부분에 대한 인식이 부족한 탓에 아직까지 당질 제한식에 대한 오해가 존재하는 것 같다. 다만, 당질 제한식 중 에서도 당질을 다량으로 제한하는 초저당질식은 스트레스 호르 몬 상승이나 염증, 조직 세포의 파괴가 일어나면 혈중 CRP(C-reactive protein, 염증 수치) 수치가 상승한다는 보고도 있어서 좀 더 장기적인 관찰이 필요하다.

앞으로는 저지방식만이 아니라 당질 제한식이나 저GI식, 지중 해식 등도 다이어트 방법의 선택지로서 의료 현장에서 널리 채 택될 것으로 예상된다.

저지방식, 당질 제한식, 저GI식, 지중해식의 다이어트 효과와 안전
성이 인증되고 있다.

나에게 맞는 다이어트 방법 찾기

수많은 연구에서 안전성과 효과가 인증된 다이어트 방법은 저지방식, 당질 제한식, 저GI식, 지중해식이다. 이들 중에서 자신의 취향이나 라이프 스타일을 크게 벗어나지 않아도 실천 가능한 방법을 선택하는 것이 좋다.

다이어트에서 중요한 것은 얼마나 오래 지속할 수 있느냐다. 일시적으로 무리해서 살을 빼고 다시 기존의 식사법으로 돌아온다면 언젠가 다시 체중이 늘어나고 말 것이기 때문이다. 따라서 자기 취향에 맞는 식사법을 선택하면 목표 체중에 도달한 후에도 그 식사법을 그대로 유지할 수 있다. 다이어트는 일시적으로 식사를 줄이는 것이 아니라, 자신에게 맞는 건강한 체중을 평생 유지하기 위한 식사법이기도 하다.

저지방식에 맞는 스타일 _ 저지방식은 밥과 빵 등의 곡류를 가장 많이 섭취할 수 있는 식사법이다. 밥을 좋아하는 사람이나 가끔씩 과자가 먹고 싶은 사람에게 적합하다. 또한 가계에 부담이 적다.

당질 제한식이 맞는 스타일 _ 술을 마시는 사람에게는 당질 제한식을 추천한다. 당질 제한식은 작은 접시에 나오는 일품요리나 술안주, 냄비 요리 등을 먹을 수 있는 식사법이다. 외식이 잦은 사람이나 주식보다 반찬을 좋아하는 사람에게 적합하다. 하지만 경제적으로 부담이 되므로 절약하는 방법을 생각해 둘 필요가 있다.

저GI식이 맞는 스타일 _ 현미나 잡곡밥, 메밀면 등 '검은색 곡물'을 좋아하는 사람에게 적합한 식사법이다. 백미를 선호하는 사람에게는 적합하지 않다.

지중해식이 맞는 스타일 _ 한식보다 이탈리안 요리나 양식을 좋아하는 사람에게 적합한 식사법이다. 염분 섭취를 줄이고 싶은 사람에게도 적합하다. 올리브오일을 싫어하는 사람에게는 부적합하다.

> 주식을 좋아하는 사람에게는 저지방식, 술을 좋아하는 사람에게는 당질 제한식, 양식을 좋아하는 사람에게는 지중해식을 추천한다.

다이어트 키워드는 혈당치다!

혈당치 급상승은 지방 합성을 촉진하는 호르몬인 '인슐린'을 다량 분비하도록 만든다. 또한 살이 쉽게 찌는 환경을 만든다는 의미에서 반갑지 않을 뿐더러, 당뇨병 발병은 물론 감정 기복의 변화나 노화에도 관련이 있기 때문에 주의가 필요하다.

저GI식으로 대표되는 당질 제한 다이어트나, 요즘 유행하는 거꾸로 식사법(식사 전에 양배추나 우무 등의 섬유질을 미리 먹는 방법)도 결국은 혈당치의 급상승을 막으려는 다이어트 방법이다.

'GI 수치Glycemic index'는 포도당을 섭취했을 때를 100으로 두고 혈당치 상승도를 상대적으로 수치화한 지표다. 일반적으로 GI 수치가 70 이상인 식품을 고GI식품, 56~69를 중GI식품, 55 이하를 저GI식품으로 분류한다. 저GI식은 저GI식품을 중심으로 먹는 식사법이다.

고GI 식품_ 백미나 떡, 밀가루 빵, 우동, 감자, 전병, 케이크 등

중GI 식품 _ 파스타, 호박, 밤, 옥수수, 수박, 바나나, 파인애플 등

저GI 식품 _ 현미, 메밀면, 전립분 파스타, 야채, 콩류, 고기, 어패류, 단맛이 강하지 않은 과일, 유제품 등

혈당치 상승은 칼로리가 아니라 당질과 관련이 있다. 단백질이나 지방질로는 혈당치가 거의 올라가지 않는다. 혈당치가 올라가지 않도록 하려면 당질이 많이 포함된 식품이나 먹는 방법에 주의를 기울여야 한다.

당질이 많이 함유된 식품 중에서도 식이섬유나 미네랄이 풍부한 것은 GI 수치가 낮은 경향이 있다. 예를 들어 현미는 백미보다 GI 수치가 낮고, 호밀 빵은 밀가루 빵보다 GI 수치가 낮다. 또한 GI 수치는 조리법으로도 달라진다. 가령 푹 삶은 파스타보다 적절하게 삶은 알덴테 상태의 파스타가 GI 수치가 낮다.

식품의 GI 수치를 대략적으로 파악해 두는 것은 좋은 생각이다. 하지만 GI 수치표를 매일 참고할 필요는 없다. GI 수치는 어디까지나 일부 샘플의 측정치, 개인의 체질이나 식품 종류 등에 따라서 변동된다. 그러므로 쉽게 소화되는 당질이 많이 포함된 식품은 GI 수치가 높다고 생각하면 된다.

혈당치를 높이는 것은 당질이다. 식이섬유 등을 포함하지 않는 단순한 당질은 혈당치를 상승시킨다.

GI 수치보다 GL 수치에 주목하자

일본에서 GI 수치는 널리 확산되고 있으나, GL 수치(glycemic load, 혈당부하지수)는 무슨 연유인지 아직까지 확산되지 않고 있다.

GI 수치는 혈당치가 얼마나 쉽게 상승하느냐를 지표로 만든 것이다. 이는 실제로 섭취한 양과 달리, 어떤 식품이든 탄수화물* 50g을 섭취했을 때의 혈당치 상승을 기준으로 계측된다. 예를 들어 각설탕은 100% 탄수화물로 구성되어 있기 때문에 GI 수치를 측정할 때 먹는 양은 그대로 50g이다. 하지만 밥이나 빵 등은 탄수화물 외에 단백질이나 지질, 수분 등이 포함되어 있다. 가령 백미는 탄수화물이 37%이므로 50g의 탄수화물을 백미를 통해서 섭취하려면 실제로는 135g을 섭취해야 한다.

GI 수치에 예민한 사람들에게 제대로 평가받지 못하는 식품이 있는데, 그것은 바로 당근이다. 일본에서는 당근의 GI 수치를

* GI 수치는 탄수화물의 양을 기준으로 한다.

80*으로 보는 경우가 많은데, 이는 백미나 밀가루 빵 등과 동일한 수준으로 높은 편이다. 그런데 당근 100g 속에 포함된 탄수화물 양은 9.1g이다.

만약 당근을 통해서 50g의 탄수화물을 섭취하려면, 당근을 약 560g(4개 정도) 섭취해야 한다는 계산이 나온다. 하지만 실제로 한 번에 그렇게 많은 양의 당근을 먹는 것은 몸에 좋지 않다. 이처럼 1회 섭취량이 다른 식품을 GI 수치로 일률적으로 비교하는 것은 옳지 못하다는 판단에 따라 1회 섭취량을 고려해서 만들어진 것이 'GL 수치'다.

GL 수치 = GI 수치 × 1회 섭취량에 포함된 탄수화물 양 ÷ 100

예를 들어 당근과 백미의 GI 수치는 80 정도다. 백미는 보통의 밥 한 그릇이 150g이다. 150g 속의 탄수화물 양은 약 56g으로, GL 수치는 약 45가 된다.

한편, 당근은 보통 1회에 1/2개, 75g을 먹는다. 당근 75g 속의 탄수화물 양은 약 7g으로, GL 수치는 대략 6이 된다. 백미에 비해 훨씬 낮다. 이렇게 GL 수치로 비교하면 몸에 미치는 영향을 GI 수치로 알아보는 것보다 훨씬 쉽다.

또한 GI 수치와 GL 수치가 질병과 어떤 관련이 있는지에 관한

---

* 야채의 GI 수치는 종류에 따라 변동이 크다. 최근에는 당근의 GI 수치를 40 정도로 봐야 한다는 보고도 나오고 있다.

연구도 진행되고 있다. 그중에서 최근 들어 고GL 식사가 당뇨병
이나 자궁체암, 대장암과 어떤 관련이 있는지에 대한 보고가 나
오고 있다.

많은 양을 섭취하는 식품은 GI 수치가 낮아도 주의가 필요하
다. 반대로 GI 수치가 높아도 소량만 섭취하는 경우는 예민하게
신경 쓸 필요는 없다.

GL 수치는 GI 수치를 실제로 섭취하는 양으로 환산한 것으로, 혈
당치가 얼마나 쉽게 상승하느냐를 나타낸다.

혈당치를 높이지 않는 식사법은?

GI 수치나 GL 수치를 의식하는 것 외에도 혈당치 상승을 억제할 수 있는 식사법이 있다. 혈당치를 급상승시키지 않는 요령은 다음과 같다.

- 공복 시에 갑자기 단 음식을 먹지 않는다(특히 달달한 음료수는 금물).
- 식사는 섬유질이 포함된 음식부터 먹기 시작한다.
- 주식은 정미도가 낮은 쌀이나 잡곡밥, 전립분 등으로 한다.
- 식사할 때는 꼭꼭 씹어서 20분 이상 천천히 먹는다.
- 당질 음식은 제일 마지막에 먹는다.
- 식사 간격을 적절하게 조절한다(장시간 공복은 금물).
- 식사 후에는 걷거나 몸을 움직인다.

함께 섭취하면 혈당치 상승을 줄일 수 있는 식품은 다음과 같다.

- 끈기가 있는 식품. 낫또(納豆, 대두를 삶아 띄워 만든 일본 전통식품), 미역

귀, 모로헤이야(칼슘, 철분, 카로틴, 비타민 B, C 등이 풍부한 녹황색 채소),
오쿠라(아욱과의 일년초) 등

● 식초, 우유, 유제품, 유지油脂

　혈당치 상승을 억제하고 인슐린 분비를 억제하는 식사법은 결과적으로 에너지 섭취량을 줄이는 것으로 이어진다. 이러한 식사법을 평소 식생활에 적용하는 것만으로도 다이어트 효과를 어느 정도 기대할 수 있다. 또한 약한 로스팅 커피에 많이 포함된 클로로겐산에는 혈당치 상승을 억제하는 효과가 있다. 하지만 안타깝게도 설탕이 많이 들어간 캔커피는 이러한 효과를 상쇄시키므로 주의하자.

　일본에는 『성공하는 사람은 캔커피를 마시지 않는다』라는 제목의 베스트셀러 책이 있다. 이 책은 커피를 마시면 안 된다는 뜻이 아니라, 캔커피에 포함된 설탕이 초래하는 불균형한 혈당치의 폐해에 대해 알려준다.

　커피의 긍정적인 효과를 기대한다면 설탕을 넣지 않는 것이 기본이다. 최근에는 설탕이 첨가되지 않은 캔커피도 판매되고 있으니 무설탕 캔커피를 선택하도록 하자.

> 혈당치를 상승시키지 않는 식사법을 활용하는 것만으로도 다이어트 효과를 기대할 수 있다.

하버드 대학에서 권장하는 지중해식 다이어트

　다이어트 식사에 관한 비교 연구를 보면 '저지방식 vs 당질 제한식'을 다루는 것이 많다. 현재 일본에서도 이 두 가지 식사법이 다이어트의 양대 산맥을 이루고 있다. 하지만 여러 연구 논문을 살펴보면 지중해식이야 말로 균형이 잘 잡힌 식사법으로, 감량 효과는 물론 혈액 개선 효과도 탁월한 다이어트 방법이라고 할 수 있다.

　지중해식은 일본에서도 올리브유의 유행과 더불어 일시적으로 선풍적인 인기를 끌었으나, 최근에는 자주 접할 수 없게 됐다. 하지만 개인적으로 인기가 사그라지고 있는(국제적인 연구 분야에서는 아직 뜨겁지만) 지중해식을 권하고 싶다.

　지중해식은 이름 그대로 지중해에 면한 그리스와 남이탈리아 지역에서 먹는 전통적인 식사 패턴을 말한다. 올리브유, 정제되지 않은 곡물, 과일, 야채, 콩, 너트 등을 많이 섭취하고, 붉은 색의 육류보다 닭고기, 생선, 유제품을 주로 먹는다. 또한 술은 포도주를 마시는 것이 특징이다.

지중해식은 1960년대에 그리스의 크레타 섬에 거주하는 사람들을 조사한 결과, 다른 지역에 비해 평균 수명이 길고 심장병이나 암 발병률이 낮다는 사실이 보고되면서 큰 주목을 받게 됐다.

현재 여러 연구나 조사 등에 활용되는 지중해식은 실제로 지중해 연안에 거주하는 사람들이 먹는 식사법이 아니다. 지중해 지방의 전통식을 기초로 해서 구성된 이상적인 지중해식 모델이다. 이는 하버드대 공중위생 대학원이 권장하는 식사법이기도 하다. PFC 밸런스는 단백질 20, 지방질 30, 탄수화물 50으로 구성된 식사법이다.

지중해식이 다른 식사법과 크게 다른 점은 기름으로 올리브유를 사용한다는 것이다. 올리브유에는 항산화 작용과 항염증 작용이 있다. 실제로 이들 작용이 지중해 지방에 거주하는 사람들의 사망률 저하와 동맥경화 및 심장질환 예방에 큰 역할을 하고 있다.

이 뿐만이 아니다. 지중해식은 야채나 과일, 너트를 자주 섭취하고, 미국이나 유럽 지역 사람들에 비해서 육식은 적게 생선은 많이 섭취하는 특징이 있다. 정제되지 않은 곡물을 먹는 점까지 포함하여 지중해식은 혈당치가 쉽게 올라가지 않도록 하는 '저 GI식'이라고 할 수 있다.

내가 지중해식에 관한 연구를 보고 우수하다고 느끼게 된 것은, 실험에서의 중도 탈락률이 낮고 리바운드 비율이 낮은 경향을 보였다는 점, 그리고 다이어트 종료 후에도 식사법을 계속 유지하는 확률이 높았다는 점이다. 이는 비교 대상인 저당질식에 비해서 식품 선택의 폭이 넓어 무리하지 않아도 실생활 속에 쉽게 적용할 수 있다.

또한 생선이나 콩을 자주 먹는 한국인이나 일본인들도 쉽게 적용할 수 있는 식품 구성*이라서 상당히 매력적이다. 음료는 물은 물론, 커피나 녹차 등 폴리페놀이 풍부하게 포함된 음료를 함께 마시면 더욱 좋다.

> 지중해식은 저GI식이기도 하면서 한국인이나 일본인이 쉽게 적용해 볼 수 있는 식품으로 구성된다는 점이 매력적이다.

* 자세한 내용은 http//oldwayspt.org/에 게재되어 있다.

저지방식 다이어트의 표준 '교도소 식단'

국제적인 다이어트 방법의 비교 연구는 미국과 유럽을 중심으로 진행된 것이 많아서 유감스럽게도 일본의 식사법은 등장하지 않는다. 하지만 일본의 저지방식은 미국과 유럽의 저지방식에 비해서 오메가3 계통 지방산을 포함한 어패류 섭취량이나 콩류에서 얻을 수 있는 식물성 단백질의 섭취량이 많다는 점에서 매우 우수하다. 그래서 여기서는 일본의 저지방식 다이어트 사례를 하나 소개하고자 한다.

일본의 신흥 인터넷 기업인 라이브 도어의 호리에 다카후미 사장은 교도소에 수감되어 1년 9개월의 징역형을 살면서 95kg에서 65kg로 30kg를 감량하고 사회에 복귀하여 화제가 되었다.

일본의 교도소는 수감자들에게 후생노동성의 일본인 식사 섭취 기준에 근거한 식단을 제공하고 있다. 일본 교도소의 식단은 30~40대 남성의 경우에 약 2,600kcal를 기본으로 단백질 20, 지방질 20, 당질 60 정도로 구성된다. 이는 저지방식과 거의 같은 수준이다.

호리에 다카후미의 저서 『형무소 나우』 시리즈를 읽어보면, 그는 수감 생활 1년 만에 30kg가 빠졌다고 한다. 이를 단순하게 계산해 보면 하루에 500~600kcal 정도를 줄인 셈이다. 그는 활동량이 비교적 많은 노역에 배치됐는데, 이 노역을 수행하려면 하루에 필요한 에너지양은 2,600~3,000kcal 정도가 된다. 실제로 그는 밥이 가장 많이 제공되는 식단을 받았고, 식사 에너지양은 1일 3,000kcal 정도였을 것으로 추측한다. (밥의 양만 많아질 뿐, 반찬의 양은 늘지 않는다). 하지만 그는 반찬이 싱거워서 밥을 제대로 먹지 못했고, 처음에는 상당한 양의 밥을 남겼다고 한다.

교도소 식단의 염분 섭취량은 후생노동성의 기준에 따라 하루에 9g 미만이다. 일본인 남성이 섭취하는 염분의 양이 1일 평균 11g 정도인 것을 감안한다면 9g은 상당히 싱거웠을 것이다.

다이어트에서는 '싱거워서 밥이 잘 넘어가지 않는다는 것'도 중요한 포인트가 된다. 반찬이 짜면 밥을 더 먹게 되기 때문이다. 밥의 양을 줄이고 싶은 사람은 반찬을 싱겁게 만들면 좋다. 또한 그는 단맛이 나는 반찬도 잘 먹지 못해서 많이 남겼다고 한다.

게다가 하루에 30분인 운동 시간에는 러닝이나 스쿼드 자세, 근육 운동 등을 자발적으로 했다고 한다. 또한 형기가 반 정도 지났을 무렵부터는 운동 시간에 팔굽혀펴기를 300회 이상 하는 등 상당한 양의 운동을 꾸준히 했다고 한다.

이러한 생활 패턴을 통해 그가 남긴 밥의 양과 운동량을 따져

보면, 하루에 500kcal 정도는 거뜬히 줄였던 것 같다. 1년 만에 30kg가 빠진 것은 당연한 결과라고 할 수 있겠다. 즉 필요한 영양소를 섭취하면서 당질을 줄이고 운동량을 늘리는, 그야말로 다이어트의 왕도를 그대로 실천했던 것이다.

이외에도 교도소 생활이 다이어트에 도움이 되는 포인트가 몇 가지 있는데, 소개하면 다음과 같다.

- 아침 식사를 거르지 않으며, 오후 5시에 저녁을 먹고, 그 이후에는 절대로 간식을 먹지 않는다. 9시에 잠자리에 든다.
- 보리를 섞은 밥으로 혈당치 상승을 억제한다.
- 매일 건강 체조를 한다.

교도소 식단은 에너지의 60%가 주식이고, 주식인 밥은 백미가 7, 보리가 3이다. 각기병을 예방하기 위해서 보리를 섞는 것인데, 식이섬유와 비타민 강화 그리고 혈당치 상승 억제라는 의미에서 교도소 식단은 다이어트는 물론, 건강을 고려한 상당히 좋은 구성이라고 할 수 있다.

또한 교도소에서는 한 달에 몇 번 정도 다양한 종류의 과자가 지급되는 집회가 있다고 한다. 이는 가끔씩 좋아하는 것을 먹는 '자유의 날'을 정해 적당하게 스트레스를 푸는 기회를 만들어 줌으로써 다이어트를 장기간 지속할 수 있도록 하는 다이어트의 성공 비결과도 일치한다. 다만 교도소 다이어트의 단점은 본인

스스로의 의지로 식사 방법이나 라이프 스타일에 변화를 줘서 살을 빼는 것이 아니라, 강제적으로 라이프 스타일이 바뀌어서 빠지는 것이기 때문에 수감 생활을 마치고 출소하고 나면 수감 전의 상태로 되돌아갈 가능성이 높다.

참고로 호리에 다카후미가 복역했던 나가노 교도소는 일본의 여러 교도소 중에서도 세 손가락 안에 드는, 식사가 맛있기로 유명한 교도소라고 한다. 그의 저서에 적힌 식단 내용을 보면 실제로 반찬 수도 많고 맛도 다양해서 맛있어 보인다. 상당한 실력의 영양사가 식단을 관리하고 있는 것 같다. 다이어트 식사 메뉴를 짤 때, 식재료나 다양한 맛을 배분하는 데 참고하면 좋을 것이다.

홋카이도北海道 아바시리網走 시에 위치한 '박물관 아바시리 감옥博物館網走監獄'은 아바시리 교도소에서 실제로 제공하는 점심 식사를 맛볼 수 있는 '체험 감옥 식사'가 있다고 한다.

일반인의 경우 다이어트를 하려고 교도소에 일부러 들어갈 수 없으니, 교도소 식단을 직접 체험해 보고 싶은 사람은 한 번쯤 가 보는 것도 좋지 않을까 싶다. 꽤 맛있는 메뉴가 제공된다고 한다.

교도소 생활은 일본의 저지방식에 운동을 가미한 '다이어트의 기본'이라 할 수 있다.

버터 커피를 이용한 다이어트

이번에는 커피와 관련해서 최근 미국에서 큰 화제를 모으고 있는 초저당질식의 하나인 '버터 커피 다이어트'에 대해서 알아보자.

버터 커피 다이어트는 커피 1잔에 무염 버터 2큰술을 녹여서 아침밥 대용으로 마시는 다이어트 방법이다. 이는 영양 전문가가 아닌 '데이브 아스프레이Dave Asprey'라는 IT 기업가가 제안한 다이어트 방법인데, 그는 티베트의 산 오두막에서 마셨던 버터 티에서 아이디어를 얻었다고 한다. 본인이 직접 감량에 성공하여 자신의 경험을 바탕으로 자사 사이트에 자신만의 독자적인 다이어트 이론을 게재하고, 커피를 비롯한 건강보조식품과 다이어트 관련 상품을 판매하고 있다.

데이브 아스프레이에 의하면, 버터 커피 다이어트는 커피의 카페인이나 항산화 작용에 의한 효과에 고칼로리 버터를 가미함으로써 하루를 생기 있게 보낼 수 있을 뿐만 아니라, 다이어트 효과도 얻을 수 있다고 한다.

그는 버터 커피를 마시는 것 외에도 하루 에너지의 50~70%를 지방질에서 얻고 당질을 대폭적으로 줄인 초저당질식과 병행할 것을 제안한다. 또한 버터 커피에 넣는 버터는 목초로 키운 소의 젖으로 만든 것을 권한다. 그 이유는 일반 버터에 비해서 EPA나 DHA, DPA 등의 오메가3 지방산과 함께 작용하는 '리놀산'이라는 지방 분해와 연소를 돕는 지방산이 많기 때문이다.

그 밖에 원두나 코코넛 오일 등 버터 커피 다이어트에서 사용되는 식품에는 세세한 규칙이 있다. 버터 커피로 감량이 가능한 이유는 다음의 세 가지를 들 수 있다.

- 아침밥을 버터 커피로 대신함으로써 칼로리를 다운시킨다.
- 권장하는 식사법이 당질을 배제한 것이므로 칼로리를 다운시킨다.
- 커피의 지방 연소나 대사 증진으로 다이어트 효과가 있다.

버터는 50g을 소화하는데 12시간이 걸리는 포만감이 상당히 높은 식품이다. 그래서 버터 커피를 마시면 점심시간까지 공복감이 느껴지지 않는다. 또한 버터 커피 1잔의 에너지양은 약 185kcal이다. 따라서 아침밥 대용으로 버터 커피를 마시면 1일 에너지 섭취량이 줄어들고, 이것이 감량의 효과를 가져다주는 직접적인 요인으로 보인다. 하지만 매일 아침부터 버터 2큰술을 섭취하는 것은 포화지방산의 과잉 섭취를 초래할 가능성이 크다.

제안자인 데이브 아스프레이는 목초를 먹이는 특별한 방법으로 키운 소의 젖으로 만든 버터는 일반 버터의 지방산 구성과 달리 오메가3 지방산이 풍부하므로 큰 문제가 없다고 주장한다. 하지만 포화지방산의 과잉 섭취를 초래하지 않을 정도로 지방산 구성의 측면에서 일반 버터와 별반 차이가 없다.

또한 일본에서는 제안자가 권하는 버터를 구하기 어렵다는 문제점도 있다. 게다가 오메가3 지방산이 풍부하게 포함된 어패류를 많이 섭취하는 일본인의 경우, 일부러 버터에서 오메가3 지방산을 얻을 필요가 없다. 일본인들에게 버터 커피 다이어트는 별다른 의미가 없다.

따라서 아침밥을 거르지 않는다거나 혈당치를 높이지 않는다는 의미에서 아침밥을 준비할 수 없을 때는 가끔씩 버터 커피를 마시는 것도 나쁘지는 않을 것이다. 하지만 매일 아침밥 대용으로 버터 커피를 마시는 것은 포화지방산의 과잉 섭취를 초래할 수 있으므로 주의해야 한다. 또한 식사를 통해서 다양한 식품을 섭취할 수 없다는 점과 독소 위험의 분산이 불가능하다는 측면에서 권장하기는 어렵다.

> 가끔씩 버터 커피를 마시는 것은 좋지만, 매일 습관처럼 마시는 것은 권장하기 어렵다.

아하, 그렇구나!

커피 1잔의 양(ml)

	숏	톨	그란데	벤티
스타벅스 커피(Starbucks coffee)	240	350	470	590

	숏	톨	그란데
털리스 커피(Tully's Coffee)	230	340	450

	S	M	L
도토루 커피(Doutor Coffee)	140	180	220

	S	M	L
우에시마 커피	140	180	300

	R		L
세븐일레븐	150		235

		M	L
로손		200	280

	S	M	
패밀리마트	155	220	

* 용량은 실제 매장에서 저자가 조사했음.

커피 1잔의 양은 어느 정도일까?

커피 1잔의 양은 컵의 용량과 매장에 따라 다르다. 이 책에서는 일반 커피용 컵 1잔의 용량 150ml를 기준으로 삼았다.

커피를 마실 때 많은 사람들이 사용하는 머그컵은 대체로 250~300ml 정도가 주류를 이룬다. 내가 애용하는 컵은 영국 두눈(Dunoon) 사의 큰 사이즈 머그컵이다. 도안 종류가 다양하고 본차이나이기 때문에 내구성도 좋다. 게다가 입에 닿는 감촉도 좋을 뿐만 아니라, 대용량(480ml)인 점이 마음에 들기 때문이다. 나는 이 머그컵에 1잔, 하루에 400ml 정도의 커피를 마시고 있다.

위의 [표]는 대표적인 커피 전문점에서 판매하고 있는 커피 1잔의 양을 정리한 것이다. 이를 기준으로 자신이 하루에 얼마만큼의 커피를 섭취하고 있는지 참고하면 좋을 것이다.

커피 다이어트를
시작하고 싶다면?

요요현상 없는 다이어트 속도 조절법

　최근 '2개월 만에 10kg 감량! 안 빠지면 전액 환불 보상!'이라는 내용의 단식원 광고를 봤다. 자세한 내용은 보지 못했기 때문에 실제로 어떤 운동을 하고 어떤 식사를 하는지 모르지만, 아마도 다양한 규칙과 조건이 붙을 것이다. 죽을힘을 다해 노력하지 않으면 '2개월 만에 10kg 감량'은 실현 불가능하기 때문이다. 만약 2개월이라는 짧은 시간 안에 10kg을 뺐다면 엄청난 요요현상이 올 것으로 예상된다.

　나는 영양학에 관한 세미나 강좌를 열기도 하는데, 간혹 헬스클럽이나 단식원에서 일하는 트레이너가 수강하러 오기도 한다. 그들에게 '어떤 지도를 하느냐?'라고 물으면 대부분 기초 대사량을 줄이는, 즉 당질을 엄격하게 제한한 식단을 권한다고 말한다. 그런데 트레이너 본인들조차 그러한 지도에 의문이 생기는 경우가 많아서 불안한 마음에 공부하려고 세미나에 온다고 말한다.

또한 나는 섭식 장애로 고통 받는 사람들로부터 상담을 요청 받기도 한다. 식사를 엄격하게 제한하는 단식원에 들어가 단기간에 체중을 줄였지만, 그 이후에 찾아온 심각한 요요현상으로 섭식 장애가 발생한 경우다.

단기간에 살을 빼고 싶은 마음은 충분히 이해가 간다. 짧은 기간 동안에 노력해서 단숨에 살을 빼고 그 상태를 유지하는 것이 조금씩 절제하는 것보다 편하고, 동기 부여도 높은 상태를 유지할 수 있는 것처럼 보인다. 하지만 다이어트는 기억과 마찬가지다. 벼락치기로 급하게 외운 단어를 금세 잊어버리는 것처럼, 급작스럽게 줄인 체중은 곧바로 원상태로 돌아오고 만다. 다만, 벼락치기보다 더 무서운 것은 뺀 체중만큼 돌아오는 것이 아니라, 그 이상의 체중이 배가 되어 돌아온다는 점이다.

인간이라는 동물은 오랫동안 배불리 먹지 못하는 기아 상태를 견디며 지금까지 살아온 동물이다. 그래서 본능적으로 살을 찌우는 것에 탁월하다. 하지만 살이 빠지는 것을 생명의 위협으로 받아들여서 몸이 스스로 경계한다.

체지방의 급격한 감소는 뇌에 포만감을 느끼게 하는 호르몬인 렙틴의 분비를 저하시키고 단맛에 대한 감수성을 상승시킨다. 렙틴이 저하되면 단 음식을 더 맛있게 느끼게 되는 것은 물론, 포만감을 느끼기 어려워진다. 이는 감소한 체지방을 되찾아오려는 몸의 방어 본능에서 초래되는 현상으로, 인간의 의지로는 극복하기가 매우 어려운 욕구다. 따라서 요요현상이 일어나지

않도록 하려면 몸이 위기감을 느끼지 못하는 속도로 조금씩 감
량해야 한다.

일반적으로 한 달에 체중의 5% 정도까지 감량하는 것이 좋다
고 하는데, 개인적으로 이 속도도 약간은 빠르다고 생각한다. 아
무리 많이 감량해도 체중의 5%까지만 빼는 것을 기준으로 삼는
것이 좋을 것이다. 그래서 내가 권장하는 감량 속도는 이보다 조
금 더 느린, 한 달에 체중의 3% 이내로 감량하는 것이다. 예를 들
어 체중이 70kg인 사람은 한 달에 약 2kg 정도를 감량하는 것이
좋다. 솔직히 이 속도도 약간은 빠른 속도라고 생각한다. 가장
좋은 것은 '전혀 몰랐는데, 지나고 보니 1년 사이에 2kg이 빠졌
네!'라고 느낄 수 있는 정도의 속도다.

특히 30대 이후에 다이어트를 시작하려는 사람은 급격하게 살
이 찐 것이 아니라, 천천히 매년 1~2kg 정도가 쪄서 20대였을 때
보다 10kg 정도 늘어난 패턴이 주를 이룬다. 따라서 체중이 늘
때 걸렸던 시간과 동일한 시간을 들여서 천천히 감량하는 것이
요요현상을 방지하는 최고의 다이어트 방법이다.

천천히 느린 속도로 감량하면 무리하게 참지 않아도 되고, 생
활 습관으로 지속할 수 있어서 좋다. 즉 밥 한 숟가락을 줄인 만
큼 커피를 마심으로써 상승되는 대사량을 '매일 조금씩 쌓아 나
갔더니 어느 샌가 살이 빠졌다'는 식으로 살을 빼는 것이 성인에
게 가장 이상적인 다이어트 방법이다.

1년에 2kg이든, 3년에 6kg이든, 5년에 10kg이든 성인에게 3년,

5년은 눈 깜짝할 사이에 지나가는 짧은 시간이다. 6개월 후에 웨딩드레스를 입어야 하는 사람이 아니라면 되도록 천천히 느린 속도로 감량하는 방법을 선택하자.

다이어트 정체기를 극복하는 방법

다이어트를 할 때 가장 힘든 시기가 바로 '정체기'다. 신기하게도 체중은 전날 식사를 거의 하지 않았음에도 불구하고 다음 날 체중계에 올라서면 늘어 있기도 한다.

이론상으로는 섭취한 에너지양보다 많은 에너지를 소비하면 살이 빠지기 마련이다. 그런데 우리의 몸은 '감량 = 생명의 위협'이라고 느끼기 때문에, 본능이 작동하여 가능한 한 에너지 소비를 줄여서 살이 빠지는 것을 막으려고 한다. 즉 몸이 에너지 절약 모드로 전환하여 에너지 소비량을 줄이기 때문에 살이 빠지지 않게 되는데, 이것이 바로 다이어트의 정체기다.

체지방이 줄면 분비가 저하되는 렙틴은 소비 에너지의 조절과도 관련이 있다. 렙틴 분비가 감소하면 식욕이 높아지고 대사는 억제된다. 우리 몸은 감소한 렙틴 양에 익숙해져 위기감에서 벗어나 새로운 렙틴 양에 맞춘 식욕과 에너지 소비를 하려면 시간이 걸린다.

　많은 사람들은 이 시간을 견디지 못하고 살이 안 빠진다며 초조해하면서 식사량을 더 줄이거나, 때로는 자포자기 심정으로 폭식을 해서 다이어트에 실패하고 만다.

　다이어트 정체기에 절대로 해서는 안 되는 것이 단식과 급격한 운동이다. 왜냐하면 일시적인 단식이나 급격한 운동으로 정체기에서 벗어나 체중을 줄였을지라도, 그 이후에 우리 몸은 위기감을 더욱 상승시켜 잃어버린 체중을 되찾으려는 본능이 있어서 급격한 요요현상이 일어나기 때문이다.

　다이어트 정체기에는 식사를 줄이는 것이 아니라, '내 몸이 다이어트를 하고 있다는 사실을 눈치 채고 말았구나!' 라는 마음으로 반성의 시간을 갖도록 하자. 그리고 이 기간에는 무리하지 말고 오히려 다이어트 속도를 재점검하도록 하자. 만일 감량 속도가 조금 빠른 편이었다면 식사를 늘릴 필요가 있다.

　그렇다고 이 시기에 당질이나 지방질이 포함된 감칠맛 나는 스낵을 먹어서는 안 된다. 포테이토칩으로 대표되는 이들 세 가지 맛의 조화는 먹기 시작하면 절대로 끊을 수 없다. 이는 과학적으로도 증명된 사실이다. 다이어트 정체기로 인한 정신적인 스트레스로 가뜩이나 힘든데, 쉽게 끊기 어려운 맛에 빠져 버리면 식욕에 불을 지피는 꼴이 된다. 모처럼 이룬 다이어트 성과를 물거품으로 만들어 버릴 수도 있다.

　따라서 식사량을 늘릴 때는 야채나 두부, 낫토 등 영양가가 높고 에너지양이 낮은 것을 선택하자. 그리고 뜻대로 되지 않아서

생기는 짜증과 스트레스 해소용으로 과자가 먹고 싶다면 차라리
말린 오징어나 삶은 콩을 먹도록 하자.

체중 감량을 그래프에 비교해 보면, 오른쪽 사선 방향으로 부
드럽게 줄어들지 않는다. 계단 모양처럼 단계적으로 줄어든다.
그래서 때로는 오랫동안 보합 상태를 유지하기도 한다. 이때가
바로 정체기다. 하지만 에너지 양이 마이너스라면 반드시 또 다
시 체중은 줄어든다.

다이어트 정체기에는 무리하지 말고, 체중계에도 자주 올라가
지 않도록 하자.

'다이어트 정체기'는 우리 몸이 살이 빠지는 것에 위협을 느끼는
시기다.

아침밥을 먹어야 살이 빠진다

아침밥은 반드시 먹어야 할까? 비만이나 당뇨병 예방을 위해서는 거르지 않는 편이 좋다는 연구 결과가 우세하다. 특히 현재 살이 조금 찐 편이고, 아침밥을 거르는 사람이라면 챙겨 먹는 것이 좋다. 그런데 아침밥을 챙겨 먹느라 1일 섭취 에너지양이 늘어난다면 먹는 의미가 없다.

아침밥을 먹으면 대사율이 높아져서 1일 섭취 에너지양이 늘어난다는 연구 보고도 있다. 다만 하루 중의 어느 시간대에 무엇을 먹는 것이 감량에 효과적인지는 아직 풀리지 않은 부분이 많다. 결국은 하루에 섭취하는 에너지양이 중요하다.

아침밥을 먹는다고 반드시 살이 빠지는 것은 아니지만, 혈당치를 급상승시키지 않는다는 의미에서 아침밥을 챙겨 먹는 것은 중요하다. 전날 저녁부터 그 다음날 아침까지는 공복 시간이 가장 길다. 그렇기 때문에 아침에 가볍게라도 뭔가를 먹는 챙겨 먹는 편이 그 이후의 혈당치 급상승을 방지할 수 있다.

그렇다면 아침에 무엇을 먹으면 좋을까?

단 음식은 혈당치를 높이기 때문에 가급적 피하는 것이 좋다. 또한 밥과 한 가지 반찬만 먹거나 빵만 먹는 등 당질 중심의 식단도 단 음식을 섭취하는 것과 동일하므로 권장하기 어렵다.

아침은 전날 저녁부터 이어진 긴 공복 후에 음식을 섭취하는 시간이므로, 혈당치가 천천히 올라가게 하는 음식이 좋다. 예를 들어 밥을 먹는다면 낫토나 계란을 얹어서 함께 먹는 방법으로 단백질을 첨가하면 혈당치 상승을 억제할 수 있다.

개인적으로 추천하고 싶은 아침 식사는 삶은 계란이다. 미리 삶아 놓으면 준비하기도 편하고 먹기도 편하다. 점심과 저녁에 밥을 주식으로 먹는 사람은 삶은 계란과 요구르트, 과일에 커피를 더한 아침 식단이 좋다. 다만, 반숙은 소화 시간이 짧으므로 완숙을 먹어야 속이 든든하다.

요즘은 아침 식사로 그린 스무디나 그래놀라(granola, 다양한 곡물, 견과류, 말린 과일 등을 혼합하여 만든 아침식사용 요리)가 유행하고 있다. 그런데 두 가지 모두 설탕이나 꿀을 첨가하지 말아야 한다는 점에 주의해야 한다. 단맛은 과일이나 드라이 후르츠를 통해서만 섭취하도록 하자. 단맛을 첨가해야 먹을 수 있는 사람은 혈당치 상승을 억제하는 효과가 있는 요구르트 등의 유제품과 함께 먹도록 하자.

최근 몇 년 사이에 아침밥이 체내 시계를 조절한다는 사실도 밝혀졌다. 인간의 체내 시계는 평균 1일 25시간으로 매일 조금

씩 뒤로 밀린다. 그런데 '아침 햇볕을 쬐거나 아침밥을 먹으면'
체내 시계가 초기화되어 수면이나 혈압, 호르몬 분비 등 몸의 리
듬이 조절된다. 체내 시계의 조절을 위해서라도 아침밥을 거르
지 않는 것이 좋겠다.

단 과자나 당질 중심의 아침 식단은 혈당치의 급상승을 초래하므
로 피하도록 하자.

커피는 장 청소와 단식에 효과가 있을까?

　단식은 다이어트 효과만이 아니라, 숙변을 제거한다는 측면에서도 인기가 많은 것 같다. 일본인들은 숙변이라는 개념에 긍정적이다. 그래서 숙변 관련 상품은 꾸준한 인기를 유지하고 있다. 그런데 의학적으로 숙변은 존재하지 않는다. 대변이 대장에 붙어서 떨어지지 않으면 이것이 독소를 내뿜어 암의 원인이 된다고 하는데, 이는 새빨간 거짓말이다.

　사람들은 단식으로 아무 것도 먹지 않았는데 대변이 나오면 이것을 숙변이라고 믿는다. 섭취한 음식물이 대변이 되어서 나올 때까지 보통 1일에서 3일 정도의 시간이 걸린다. 그런데 도중에 단식을 해서 먹는 양이 줄어들면 대변의 양이 줄고 대변이 나오기 어려워지기 때문에, 단식 1주일 후에 대변을 보는 것은 전혀 이상한 일이 아니다.

　또한 떨어져 나온 장의 점막이나 장내 세균의 사체 등도 대변의 재료가 되기 때문에 식사를 하지 않아도 잠시 동안은 대변이

나온다. 단식 후의 배변은 잔변감이 없어서 상쾌한 기분이 들지만, 이는 숙변을 제거했기 때문이 아니다. 단순하게 잔변이 없기 때문이다. 그럼에도 불구하고 식사를 하지 않아서 위를 쉬게 했으니 몸에 좋을 것이라고 생각하는데, 대장은 식사를 하지 않아도 계속해서 움직이는 장기이기 때문에 식사를 하지 않았다고 해서 쉬는 것이 아니다.

또한 '단식으로 장내 환경을 초기화'한다는 글을 본 적이 있는데, 이는 잘못된 생각이다. 장내 세균의 균형은 식사로 바뀌기 때문에 단식으로 장내 세균의 균형은 바뀌지 않는다. 오히려 소화할 음식물이 아무 것도 없는 상태에서 장내 세균이 장내 점막을 분해하여 상처를 내는 등 나쁜 영향을 초래할 수 있다. 따라서 단식은 장에 좋지 않다.

단식과 다이어트에 관한 연구는 그 수가 매우 적기는 하지만, 세끼 식사를 모두 굶는 100% 단식이 아니라 일주일에 한 번 정도만 다이어트 드링크를 마시는 반半단식에 관한 연구가 있다. 결과를 보면 어느 정도 다이어트 효과가 있는 것 같은데, 장기적인 안정성과 요요현상에 관해서는 아직 불명확한 단계다.

평소에 과식을 자주 하는 사람은 일주일에 한 번 정도 먹는 양을 줄여도 별 문제가 없다. 그렇다고 특별한 다이어트 주스나 숙변 제거 식품 등을 먹을 필요는 없다. 아무쪼록 숙변 제거나 다이어트 상술에 넘어가지 않도록 조심하기 바란다.

한때 엄청난 화제를 모았던 장 청소에 관한 관심이 최근에는 사그라지고 있는데, 실제로 장 청소는 장 환경을 개선하지 않는다. 장내 세균의 균형은 장 청소를 해도 변하지 않는다. 장 청소에 의존하고 싶을 정도로 변비가 심한 경우라면, 변비의 원인이 되는 생활 습관을 바꿔 보는 편이 훨씬 더 의미가 있다.

커피로 장 청소를 하는 커피 에네마coffee enemas는 90년 정도 전에 암 치료를 목적으로 시작된 민간요법이다. 일본에서는 인기가 많지만, 실제로 커피 에네마가 암에 효과적이라고 보고한 학술 논문은 어디에도 없다.

커피 에네마의 목적은 커피를 직접 장으로 보내서 카페인의 효과로 내장 기능을 활성화시키는 것이다. 하지만 경구로 섭취한 커피와 커피 에네마 중에 어느 쪽이 카페인의 생체 내 이용이 많은지에 대한 연구에서 (이런 연구를 하는 사람도 있다.) 경구로 섭취한 커피의 생체 내 이용이 3.5배 많다는 결과를 얻었다. 따라서 커피 효과를 기대한다면 음료 형태로 마시는 편이 좋다.

숙변이라는 것은 존재하지 않는다. 단식이나 장 청소로 장내 환경이 개선되지는 않는다.

신체 부위별 다이어트를 하려면?

현대인들은 운동 부족이 심각하다.

최근 들어 특히 남성들 사이에서 비만자가 급증하고 있고, 과식이나 식문화의 서구화가 비만의 원인이라는 연구 보고도 많다. 그런데 실제로 에너지 섭취량 자체는 감소하는 경향이라고 한다. 즉 비만의 원인은 운동 부족인 것이다.

'2개월 만에 10kg 감량'을 목표로 살을 빼는 단식원은 추천할 수 없다. 하지만 몸을 움직이기 위해서 헬스클럽이나 댄스 교실에 참여하는 것은 적극 권장한다. 다만, 운동을 하면 배가 고파지고 소비한 에너지양보다 더 많은 음식을 섭취하는 사람은 주의가 필요하다. 갑자기 식사를 줄이고 운동을 시작하면 우리 몸은 본능적으로 살이 빠지는 것을 경계해서 저항하려고 한다.

또한 BMI가 30 이상인 비만이나 운동 습관을 들인지 얼마 되지 않은 사람은 갑자기 강도 높은 운동을 시작하면 안 된다. 우선 목욕탕 청소나 걸레질 등의 가사 또는 조깅부터 시작하는 것이 좋다. 가사도 운동 효과가 입증된 훌륭한 운동이다.

물론 운동 전에는 커피를 마시는 것이 효율적으로 체지방을 연소시키는 요령이다. 그리고 체중이 어느 정도 줄어서 걷거나 가사 일을 해도 숨이 차지 않게 되어 운동을 조금 더 하고 싶은 사람은 일단 강도가 낮은 운동부터 시작하자.

요요현상이 없는 느린 속도의 다이어트를 목표로 삼았다면 무리하게 식사를 줄이지 않고 하루에 30분 정도 걷는 것만으로도 충분하다. 단, 지속적으로 하는 것이 무엇보다 중요하다. 마치 무슨 거사를 치르듯이 일부러 아침 일찍 일어나 옷을 갈아입고 조깅하러 나갈 것이 아니라, 집에서 조금 먼 지하철역이나 버스 정류장을 이용하는 등 우선은 일상생활 속에서 걷는 기회를 늘려 나가는 것이 좋다.

또한 최근에 인기 있는 스트레칭 교실이나 필라테스 등 몸의 유연성과 근육을 단련시키는 운동은 남녀노소를 불문하고 적극 추천한다.

여성의 경우 특히 많은 사람들이 신체 부위별 다이어트를 원하는데, 유감스럽게도 식사를 조절하거나 운농을 해도 '신체 부위별 다이어트'는 어렵다. 하지만 몸의 유연성을 높이고 근육을 늘리는 방법을 바꿔 나가는 트레이닝을 하면 스타일이 변하여 신체 부위별 다이어트가 가능해진다.

나는 운동으로 신체 부위별 다이어트를 하는 것은 무리라고 생각했다. 그런데 교토에 있는 '소創'라는 트레이닝 스튜디오에서 스트레칭과 필라테스 등을 기초로 한 레슨을 받고 나서 생각이 바뀌었다. 자세를 고치거나 근육 늘리는 방법을 재점검하고, 걷는 방법을 바꾸면 분명히 체형이 달라지는 효과가 있다.

예를 들어, 바깥쪽에 중심을 두고 걷는 사람은 허벅지 바깥쪽에 근육이 붙어서 하반신이 뚱뚱해 보인다. 이런 경우 바깥쪽에 중심을 두고 걷는 원인을 찾아서 본래 사용해야 하는 안쪽 근육을 트레이닝하면 걷는 자세도 달라지고 바깥쪽 근육이 발달했던 허벅지도 점차 가늘어진다.

스타일이 바뀌면 체중이 줄지 않아도 말라 보이는 효과가 있다. 정상적인 표준 체중인데 등 뒤나 배꼽 주변 등의 불필요한 곳에 살이 있는 사람은 한 번이라도 필라테스 트레이닝을 받아 보기 바란다. 자세를 고치고 몸의 균형을 재검점하면 좋아질 것이다.

원래 사용해야 하는 근육을 강화하거나 자세를 교정하면 지방이 붙는 위치도 달라지고 군살도 사라진다. 다만, 몸을 단련하는 트레이닝은 상당히 힘들기 때문에 근육통을 풀어주고 지속하도록 도와주는 커피의 힘이 필요할지도 모른다.

자세나 걷는 방법을 바꾸면 신체 부위별 다이어트도 가능하다.

감량할 때 섭취해야 하는 영양소는?

어떤 다이어트 방법을 선택하든 감량을 위해서 반드시 섭취해야 하는 영양소가 있다.

단백질 _ 우리 몸의 뼈와 근육, 피부, 내장, 세포 등의 중요한 구성 성분이다. 이를 대체할 수 있는 영양소가 없기 때문에, 어떤 다이어트 방법을 선택하든 반드시 필요한 양은 섭취해야 한다. 성인의 1일 필요량은 여성이 40g, 남성이 50g 정도다. 적어도 이 양은 매일 섭취해야 한다. 근육질인 사람이나 과격한 운동을 일상적으로 하는 사람은 1일 필요량의 2배 정도를 섭취하도록 하자.

지방질 _ '기름 = 적'이 아니다. 지방질은 세포막이나 신경 조직, 호르몬을 만드는 재료가 되기도 하고, 혈관을 부드럽게 유지하는 등 중요한 작용을 한다. 특히 몸에서 합성할 수 없는 '필수지방산'은 식사를 통해서 얻어야 한다. 필수지방산은 상온에서 쉽게 굳는 기름으로 식물유나 생선에 포함되어 있다.

지방질 에너지의 비율이 15% 이하가 되면 뇌출혈 확률이 높아지고, 평균 수명이 짧아진다는 보고가 있다. 일본에서는 식사 섭취 기준으로 지방질 에너지 비율의 하한선을 20%로 잡고 있다. 적어도 섭취 에너지양의 20%는 지방질을 섭취하도록 하자.

당질 _ 다이어트를 할 때 우선적으로 줄여야 할 것이 당질이다. 당질은 몸을 움직이는 에너지원이 되지만, 당질이 부족하면 우리가 없애고 싶은 체지방이 연소되어 에너지원이 된다. 초저당질식은 당질 에너지 비율을 10%로 엄격하게 제한하는데, 인슐린 저항성 등의 문제를 일으키지 않는 건강한 사람에게는 추천하지 않는다.

적어도 하루에 뇌가 소비하는 분량 정도의 당질은 섭취하는 것이 좋다고 생각한다. 하루에 뇌가 필요로 하는 에너지양은 몸 전체 에너지 소비량의 20% 정도다.

1일 에너지 소비량은 일반 사무 업무와 같은 가벼운 작업이 중심인 경우에 여성이 약 1,600kcal, 남성이 약 2,200kcal이다. 20%를 뇌가 소비한다고 생각하면 다이어트를 할 때도 최저 80~110g 정도는 당질을 섭취하는 것이 좋다.

반찬에도 당질이 포함된다. 한 끼 식사마다 반찬에 포함된 당질의 양을 20g으로 잡고 나머지를 밥으로 섭취한다고 보면, 반찬 이외에 하루에 밥 한 그릇 정도는 어떤 다이어트 방법을 선택하든 먹어야 한다. 그 다음은 각각의 다이어트 방법에 맞추어 주식의 양을 조절하면 좋을 것이다.

어느 정도의 당질은 식사 시에 다양한 맛을 즐길 수 있을 뿐만 아니라, 변비 예방을 위해서라도 필요하다.

단백질, 지방질, 당질은 어떤 다이어트를 선택하든 반드시 필요량을 섭취해야 한다.

감량할 때 단백질을 섭취하려면?

콩류 : 하루에 한 가지 이상 섭취하기

두부, 낫토, 냉동 건조 두부, 고목쿠마마메五目豆*, 두유 등 일본인은 다양한 방법으로 콩류를 섭취하는 문화가 있다. 이런 것들이 건강을 유지하는데 상당히 큰 도움이 된다. 예를 들어 연두부 1/2모에서 얻을 수 있는 단백질은 7g, 낫토 1팩(50g)은 8g, 두유 1잔(200g)은 7g이다.

콩류는 칼로리가 낮다는 점에서도 다이어트에 상당히 좋은 식품이다. 다른 단백질원과 함께 하루에 한 가지 이상은 섭취하도록 하자. 다만, 기름에 튀긴 것(유부 등)은 피하는 것이 좋다.

---

*표고, 대두, 곤약, 당근, 우엉의 5가지 재료를 잘게 썰어 다시마와 간장, 설탕 양념으로 조려내는 건강식이다.

생선 : 특히 등 푸른 생선 섭취하기

생선의 장점은 단백질 공급원이 될 뿐만 아니라, 체내에서 합성되지 않는 필수지방산의 공급원이 된다는 것이다. 생선과 육류는 모두 훌륭한 단백질원이지만, 생선에는 상온에서 쉽게 굳지 않는 불포화지방산이 다량 함유되어 있다는 것이 가장 큰 차이점이다. (참고로 필수지방산은 불포화지방산으로 분류된다.) 특히 등 푸른 생선에는 오메가3 지방산인 EPA나 DHA가 다량 함유되어 있다.

오메가3 지방산은 생활습관과 관련된 질병 예방에도 효과적이라는 보고가 있을 만큼 반드시 섭취해야 하는 유지油脂*다. 또한 생선은 단백질과 지방질 공급원으로서 우수할 뿐만 아니라, 칼슘을 비롯한 미네랄이나 비타민 공급원으로도 중요한 먹거리다.

● **단백질 함량** : 고등어 1마리(150g) 28g, 연어 1토막(100g) 22g, 전갱이 1마리(150g) 31g, 참치회 5조각 15g, 도미 1토막(100g) 20g

육류 : 붉은색 육류는 일주일에 한두 번만

닭고기 _ 고단백, 저칼로리로 생선과 동일하게 불포화지방산이

* 글리세롤의 지방산에스터를 일컫는 말로, 단백질 및 탄수화물과 함께 생물체의 주요 성분이다(출처 : 두산백과).

많이 함유되어 있다. 어떤 식재료와도 궁합이 잘 맞아서 다양한
요리에 활용할 수 있다. 가격도 싼 편이라 부담 없이 즐길 수 있다.

● **단백질 함량** : 닭다리살(껍질 있음) 1/2개(120g) 19g, 닭가슴살(껍질 있음) 1/2개(120g) 23g, 닭안심살(50g) 23g

돼지고기 _ 돼지고기는 비타민 B1, B2가 다량 포함된 것이 특징
이다. 이들 비타민은 당질과 지방질의 대사와 관련이 있기 때문
에 다이어트 중에도 반드시 섭취해야 하는 비타민이다. 지방이
적은 부위를 골라서 먹도록 하자. 단, 붉은색 육류(소고기, 돼지고
기, 양고기)는 암 발병과 관련이 있으므로, 일주일에 한두 번 정도
만 섭취하는 것이 안전하다.

● **단백질 함량** : 돼지고기 다리살(100g) 21g, 돼지고기 어깨살(100g) 17g, 돼지고기 안심(100g) 23g

소고기 _ 고단백이면서 철과 아연을 섭취할 수 있는 좋은 공급
원이 된다. 다만, 소고기도 암 발병과 관련이 있으므로 일주일에
한두 번 정도만 섭취하도록 하자.

● **단백질 함량** : 소고기 다리살(100g) 20g, 소고기 어깨살(100g) 16g, 소고기 안심(100g) 21g

달걀 : 하루에 1개

달걀에는 (우리 몸에서 자체적으로 만들 수 없기 때문에) 식사를 통해서 섭취해야 하는 필수 아미노산이 균형 있게 함유되어 있다. 또한 비타민 공급원으로도 우수하다. 다이어트 중에도 반드시 하루에 1개는 섭취하도록 하자.

● **단백질 함량** : 달걀 1개 8g

유제품 : 요구르트는 매일

장 환경을 좋은 상태로 유기하기 위해서라도 요구르트는 매일 먹는 것이 좋다. 또한 다이어트를 고려한다면 커피와 궁합이 잘 맞는 우유는 저지방이나 무지방 제품을 선택하는 것이 좋다.

● **단백질 함량** : 우유 1잔(200ml) 3g, 요구르트(100g) 4g, 프로세스 치즈 1조각(20g) 5g

> 양질의 단백질 공급원은 다이어트 중에라도 반드시 챙겨 먹어야 한다.

다이어트 할 때 지방질과 당질 섭취하기

유지油脂

견과류 _ 아몬드나 호두 같은 견과류에도 불포화지방산이 다량 함유되어 있다. 특히 호두는 오메가3 지방산의 좋은 공급원이다. 또한 견과류는 항산화 비타민인 비타민 E가 풍부하여 노화 방지(안티 에이징)를 위한 식재료로 활용되기도 한다. 그 밖에 당질 수치의 상승을 억제하고 장 환경을 정비하는 식이섬유도 다량 함유되어 있다. 견과류 중에서도 특히 아몬드, 호두, 피스타치오 섭취를 권장한다.

하루 섭취량은 아몬드 10알, 호두 4조각, 피스타치오 20알 정도로 챙겨 먹으면 좋다. 견과류에 관해서는 게이오기주쿠慶應義塾 대학의 이노우에 히로요시井上浩義 박사가 쓴 책에 상세하게 나와 있으므로 읽어 보면 도움이 될 것이다.

식물성 기름 _ 오메가3의 식물성 기름은 아마인유, 들기름, 차소엽 기름에 다량 함유되어 있다. 또한 카놀라유나 대두유에도 오메가3 지방산이 소량 함유되어 있다.

옥수수유, 홍화유, 해바라기씨유, 참기름, 포도씨유 등 우리에게 익숙한 기름에는 오메가6 지방산이 풍부하게 함유되어 있다. 리놀산으로 대표되는 불포화지방산을 과잉 섭취하면 동맥경화나 알레르기의 원인이 된다는 보고가 있으므로 되도록 적게 사용하는 것이 좋다.

오메가6 지방산을 과잉 섭취하지 않으려면 오메가9 지방산인 올레인산을 다량 함유한 올리브유나 유채씨유, 카놀라유를 사용할 것을 권장한다. 이들은 열에 강하고 쉽게 산화되지 않는다는 점에서도 좋다. 하루 기준 섭취량은 1큰술 정도다.

당질

곡물 _ 정미도가 낮은 쌀이나 잡곡미가 좋다. 혈당치를 생각한다면 정미도가 낮은 쌀이나 현미, 보리 등을 섞은 잡곡밥을 주식으로 먹어야 한다. 그런데 대부분의 사람들은 흰쌀밥을 선호하는 경향이 강하다. 따라서 흰쌀밥이 아니면 못 먹겠다는 사람은 되도록이면 식사 마지막에 밥을 먹거나, 식이섬유가 풍부한 반찬을 섭취하는 등으로 혈당치 상승을 억제하는 방법을 찾아야 한다.

- **당질 함량** : 밥 한 공기(보통) 44g, 식빵 1개 27g, 우동 1사리 67g, 메밀 1사리 62g, 라면 1사리 80g, 만두피 1개 3g, 옥수수 1개 28g

땅속 식물 _ 곤약이나 참마를 적극적으로 먹는다. 식이섬유가 풍부하고 염분 배출을 돕는 칼슘이 풍부하다. 땅속 식물 중에서 곤약이나 참마는 다이어트 중에 적극적으로 섭취하면 좋다. 참마와 곤약에 함유된 글루코만난glucomannan*에는 혈당치 상승을 억제하는 효과가 있다.

- **당질 함량** : 감자 1개 20g, 고구마 1/2개 44g, 참마(50g) 6g

> 견과류에는 항산화 작용이 있는 비타민 E가 풍부하게 들어 있다.

*D-글루코스와 D-마노스를 주요 구성 성분으로 하는 다당류로, '곤약만난'이라
고도 한다. 난초과 식물, 구약나물 등에 함유되어 있다(출처 : 두산백과).

건강과 다이어트에 효과적인 식재료

야채 : 많이 먹으려고 노력해야

대부분의 사람들은 야채 섭취량이 부족하다. 야채 섭취 목표량이 350g인데, 국민 건강 영양조사 결과를 보면 실제 섭취량은 300g에도 못 미친다. 야채를 많이 섭취하는 요령은 익혀서 먹는 방법이다. 야채를 날로 먹으면 불에 약한 비타민 C 등을 섭취한다는 점에서 의미가 크다. 하지만 섭취하는 양도 중요하므로 불에 익혀서 부피를 줄여 먹는 것도 필요하다.

일부 건강법에서는 생야채나 과일을 통해서 효소를 섭취하는 것에 의미를 두는데, 이는 전혀 과학적인 근거가 없는 방법이다. 식사를 통해서 살아 있는 '효소'를 섭취하면 건강이 증진되거나 질병이 낫는다는 과학적인 연구 보고는 어디에도 없다. 효소 주스는 시중에서 판매하는 야채 주스나 열대 과일 주스와 동일한 음료다. 효소를 이용한 상술에 넘어가지 않도록 주의하자.

야채를 많이 먹기 위해서는 무거운 야채를 사는 것이 좋다. '집까지 들고 가려면 무거운데……'라고 느껴지는 야채를 사도록 하자. 다만, 호박은 당질 함유량이 많으므로 적게 먹도록 한다.

과일 : 반드시 매일 섭취해야

과일은 비타민은 물론, 폴리페놀이 다량 함유된 항산화 물질의 보고寶庫다. 과일은 뇌졸중이나 심근경색, 폐암, 위암, 식도암 등의 발병 위험을 낮춘다. 특히 감귤 같은 과일에는 당뇨병을 포함한 생활습관 관련 질병을 예방하는 효과가 있는 것으로 보고되고 있다.

과일에 포함된 당질 때문에 적게 먹으려는 사람들이 있는데, 과일은 과자와 달리 몸에 유익한 여러 가지 영양소가 함유되어 있다. 따라서 하루에 200g은 반드시 먹도록 하자.

- **당질 함량** : 귤 1개 22g, 자몽 1개 18g, 사과 1개 26g, 바나나 1개 21g, 감 1개 21g

버섯과 해조류 : 매일 섭취해야 할 다이어트의 구세주

에너지양이 낮고 식이섬유가 풍부하며 감칠맛이 좋아서 다이어트에 절대로 빠질 수 없는 식재료다. 다만, 버섯은 스펀지처럼 기름을 흡수하는 성질이 있으니 조리할 때 주의하기 바란다. 이 점에 주의하면서 매일 충분한 양을 섭취하도록 하자.

수분 : 폴리페놀이 풍부한 음료 마시기

우리 몸은 에너지 1kcal를 소비하는데 1ml의 물이 필요하다고 한다. 하루에 2,000kcal를 소비하는 사람이라면 2L의 물이 필요하다는 뜻이다. (하절기나 운동으로 땀을 많이 흘리는 경우는 더 많은 양이 필요하다.) 식사에 포함된 수분의 양이 1~1.5L이므로 하루에 필요한 에너지양이 2,000kcal인 사람은 음료를 통해서 1L 정도의 수분을 보충하면 충분하다.

'건강과 미용을 위해서 하루에 2L의 물을 마시자!'라는 말을 자주 듣는데, 하루에 필요한 에너지양이 1,600kcal 정도인 여성에게 2L는 과잉 섭취다. 따라서 '마시면 마실수록 디톡스!'라는 말은 틀린 것이다. 특히 짧은 시간에 다량의 물을 마시는 것은 신장에 부담이 되므로 위험하다.

수분 보충을 위해서 커피는 물론, 녹차 등 폴리페놀이 풍부한 음료를 매일 마시도록 하자.

조미료 : 허브나 향신료를 활용해 염분 줄이기

우리의 식단은 염분 섭취가 많다는 것이 단점이다. 밥에는 염분이 없기 때문에 함께 먹는 반찬에 염분이 다량으로 들어가는 것이 가장 큰 원인이다. 염분 섭취는 식초나 향신료, 허브 등으로 간의 강약을 주면 줄일 수 있다. 식초에는 혈당치 억제라는 측면 외에도 혈압이나 혈중 중성지방을 낮춰 주는 다양한 효과가 있으므로 매일 섭취하면 좋다.

향신료나 허브(마늘이나 생강도 속함)는 폴리페놀 등 항산화 물질이 풍부한 식품이므로, 식생활에서 좀 더 많이 섭취하도록 노력하자. 발효식품인 된장은 염분이 다량 함유되어 있으나, 적극적으로 섭취해도 좋은 조미료다. 반찬의 염분은 낮추고 된장국은 하루에 한 그릇 정도 먹는 것을 권장한다.

야채, 과일, 버섯류는 다이어트 식사의 구세주다.

커피는 카레를 맛있게 만드는 조미료

요리할 때 인스턴트커피는 고소한 향과 부드러운 쓴맛을 내는 비법 재료로 활용되기도 한다. 그래서 카레에 감칠맛을 더하기 위해 커피를 넣는 사람도 많다. 나도 카레나 비프스튜, 미트 소스의 비법 재료로 인스턴트커피를 넣는다.

치킨 카레(5L 정도의 냄비 1개 분량)

● **재료**

닭다리살 500g, 양파 2개, 당근 1개, 토마토(중간 크기) 1개, 샐러리 1개, 사과 1개, 버섯류 1팩, 생강 2조각(강판에 갈은 것)

● **조미료**

타이 카레 페스토(레드) 1~2작은술, 카레 가루 2큰술, 카페 스파이시, 다시마 10cm, 간장 1큰술, 발사믹 식초 1작은술, 인스턴트커피 1/2큰술, 소금 1작은술, 후추와 청주 2큰술, 식물성 기름 1/2큰술, 버터 또는 요구르트

● **만드는 법**

① 닭고기에 소금, 후추, 청주를 넣고 15분 정도 밑간을 한다.

② 모든 재료를 적당한 크기로 자른다.

③ 냄비에 기름을 두르고 조미료 외의 재료를 모두 넣는다. 그리고 카레 가루 1큰술을 더해 대강 볶는다. 재료의 반 정도가 잠기도록 물(분량 외)을 붓고 다시마를 넣고 끓인다. 단, 재료가 익을 때까지만 끓인다.

④ 타이 카레 페스트를 넣고 매운 정도를 조절한다. 인스턴트커피와 소금, 후추 등의 조미료를 첨가하여 간을 맞추고, 버터나 요구르트를 넣어서 마무리한다.